生态社区营造
——可持续的一体化城市设计

［美国］哈里森·弗雷克 著

张开宇 译

江苏凤凰科学技术出版社

南 京

江苏省版权局著作权合同登记 图字：10-2015-182

Copyright©2013 Harrison Fraker

Published by arrangement with Island Press through Bardon-Chinese Media Agency

Simplified Chinese Translation Copyright ©2021 by Tianjin Ifengspace Media Co., Ltd.

图书在版编目（CIP）数据

生态社区营造：可持续的一体化城市设计 /（美）
哈里森·弗雷克著；张开宇译 . — 南京：江苏凤凰科
学技术出版社，2021.6
ISBN 978-7-5713-1731-7

Ⅰ.①生… Ⅱ.①哈… ②张… Ⅲ.①节能 – 社区 –
城市规划 – 建筑设计 – 案例 Ⅳ.① TK01 ② TU984.12

中国版本图书馆 CIP 数据核字 (2021) 第 010766 号

生态社区营造——可持续的一体化城市设计

著　　　者	［美国］哈里森·弗雷克
译　　　者	张开宇
项 目 策 划	凤凰空间 / 张晓菲　曹　蕾
责 任 编 辑	赵　研　刘屹立
特 约 编 辑	曹　蕾

出 版 发 行	江苏凤凰科学技术出版社
出版社地址	南京市湖南路 1 号 A 楼，邮编：210009
出版社网址	http://www.pspress.cn
总 经 销	天津凤凰空间文化传媒有限公司
总经销网址	http://www.ifengspace.cn
印　　　刷	北京博海升彩色印刷有限公司

开　　　本	787 mm × 1092 mm　1/16
印　　　张	13
字　　　数	219 000
版　　　次	2021 年 6 月第 1 版
印　　　次	2021 年 6 月第 1 次印刷

标 准 书 号	ISBN 978-7-5713-1731-7
定　　　价	158.00 元

图书如有印装质量问题，可随时向销售部调换（电话：022-87893668）。

1

引言

由于媒体的过度宣传，气候变化的威胁可以说被炒得过热。这样过分强调这个复杂而又遥不可及的潜在威胁让人们麻木，大部分人持着事不关己、高高挂起的态度。但随着恶性气候事件的接连出现，尤其是飓风桑迪（2012年）和美国中西部百年不遇的大旱，人们开始重新正视这个问题。现在，气候变化的威胁不再只是政府会议的内参或者是气候学的研究方向，而是真切地在影响着人们的日常生活。于是，如何应对气候变化及如何把握时机等问题又被重新提到日程上来。其核心问题是：如何通过建设、运营和维护我们的城市来维持我们正常生活，城市该如何对抗重灾及如何在重灾之后尽快重建。

图 1.1 飓风桑迪造成的曼哈顿下城停电 [摄影: 里夫·乔利夫(Reeve Jolliffe),盖斯塔尔工作室(Gas Tower Studio)]

单纯减少二氧化碳的排放量不能完全解决气候变暖问题,需要双管齐下: 既减排又要学会适应气候变化,这已经是公认的结论。我们的城市要能够抵御海平面上升的影响,对抗风暴、干旱及热浪的不断侵袭。由此引发一个重要思考——现有老化严重的基础设施能否承受? 进而引发广义、复杂又令人苦恼的问题——我们如何建造具有综合城市功能且更抗灾的社区? 问题迫在眉睫、刻不容缓,我们应把握当下,并思考现有的开发思路及做法的可行性。纽约遭遇飓风桑迪之后,大家对如何提高抗灾性各抒己见,有人建议用水灾闸门,也有人建议用透水型基础设施。纽约区域规划委员会的会长罗伯特·亚柔(Robert Yaro)先生说:

"我们区(纽约大都市区)需要积极探讨采取多种措施来减少未来风暴可能带来的损失,从人为地保护市内的海岸线到重新思索公交体系及电网的布局,避免再发生全区或全市断电的问题。我们很可能既要兴建'硬性'基础设施,又要找到'软性'办法,依靠更好的土地使用决策并利用生态系统以减小未来的损失。"[1]

过去,减缓气候变化的努力主要集中在建筑尺度(低碳及零碳建筑),以及大型公共设施尺度(边远地区的太阳能及风力发电场)。过去 40 年来,节能建筑的成就确实斐然,但是还未建立传输能源、水及垃圾的基础设施体系。边远地区的可再生能源要靠细长、低效而薄弱的能源管道运输入城。人们越来越认识到社区尺度(小到一条街,大到一个行政区)是实现一体化系统的好机会。社区可以整合交通、建筑和基础设施的设计,同时融入公共空间,使其成为一个自成体系的微型公共设施网。因而美国绿色住区评价体系（LEED- ND）应运而生，大力推崇建设绿色建筑。著名建筑设计师彼得·凯尔绍皮（Peter Calthorpe）主张一体化系统是"应对气候变化及未来能源挑战的必经之路"。[2]

如果社区可以拥有自己的微型公共设施网，通过回收废水及垃圾来制造大部分能源，那么这就是典型的更具抗灾性的一体化系统。在中央基础设施瘫痪时，社区仍可作为微型公共设施网独立运营。其附加好处是社区不会给现有基础设施增加负担。本书是全面剖析一体化系统案例的书，旨在分析经验教训、抛砖引玉。

案例研究表明，只有抗灾社区建得便民、宜民，才能真正推动变革。无论社区规模是大是小，凸显环境优势的设计都会立即受到欢迎，并因此及时拿到所需投资。出人意料的是，最早向大众指出这一观点的是一个汽车广告。克莱斯勒 300 汽车广告的开场白是："如果想造出节能车，首先要设计出一款值得造的车型。"

很显然，仅仅节能还远远不够，要有型、质量好、豪华、彰显个性，而节能只是人们在期望值之外的附加性能而已。克莱斯勒 300 汽车广告的结尾是车驶进了由弗兰克·劳埃德·赖特（Frank Lloyd Wright）设计并重建的格雷戈尔和伊丽莎白·B·阿弗莱克（Gregor S. & Elizabeth B. Affleck）的家，再一次提醒人们给力的设计才是众望所归。美国人现在买车可以一举多得——既节能又新潮，还是不折不扣的"底特律进口"！

该广告针对的对手是丰田普锐斯车型。后者号称汽车市场上最新推出的节能黑马，也被人认为是设计上的丑小鸭。除了油电驱动力和飞轮刹车装置的魔幻技术，实时的能源性能（km/L）反馈报告是克莱斯勒的重要革新。实时报告让人得以实时参与节能游戏："我能节能到什么程度？"（成为游戏者[3]）。谁不想战胜机器啊？设计新潮的低碳或零碳社区不但需要这样的魔幻新技术，而且需要让用户积极参与"游戏"。

本书探讨了第一批低碳社区的最佳实例，验证了社区一体化系统的重要性，并指出了更区域化、更抗灾的基础设施的方向，也表明"人作为一个参与环节"对实现规划流程目标的决定性作用。他们的体系及收益超出了技术层面，因为很多可持续发展的策略是露天绿色空间，丰富了居民的日常生活，促进了居民的身心健康，创建了居民所热爱的特色社区。案例分析指出，大力运用公共空间提供公共活动场所并辅助一体化系统的基础设施是成功之本。

本书聚焦在首批采取此策略来实现可持续发展的经典社区：瑞典马尔

默的 Bo01 社区和斯德哥尔摩的哈默比湖城，德国汉诺威的康斯伯格和弗莱堡市的沃邦。每章的案例分析都会介绍其规划流程、交通系统、城市形态、绿地空间、能源系统、水处理系统、垃圾处理及社会议程。四个案例之后的章节将这四个案例进行了横向对比。第 7 章是重中之重，分析了对美国有借鉴意义的经验教训，强调修补或翻新现有社区是建设可持续发展社区的重要途径。美国城建过程的矛盾性在于：在郊区化扩展各阶段中，市内及郊区遗留的废弃之地和尚可继续开发的地区，恰恰是建造可持续发展城市的契机所在。本书的四个案例中，有三个都把握住了类似机会（Bo01：废弃的船厂；哈默比湖城：废弃的工厂；沃邦：旧军营）。在美国，类似的机会比比皆是。

为何本书选取的是瑞典的 Bo01 社区、哈默比湖城，还有德国的康斯伯格和沃邦？

2006 年，我在加利福尼亚大学伯克利分校主持一个跨学科研究工作室[4]，致力于为中国天津建立公交导向型社区的研究时，第一次产生了低碳社区的想法。我们发现综合性、高密度、便于步行、近公交站的社区不但可以大大削减个人用车，还可以使用节能设计降低能耗，利用本地风能、太阳能等可再生资源、光伏电池甚至垃圾流的能源，以全面实现零碳社区。这一发现直接促成了与旧金山奥雅纳工程顾问公司（ARUP）共同研究生态街区理念的合作。[5]该理念的基本原则和策略现正用于世界首个零碳绿色校园——天津大学新校区。在生态街区理念的酝酿中他们在想世界上其他地方是否尝试了综合、一体化系统的社区？如有的话，是否有相关性能数据分析？正巧，我当时在休年假，于是决定着手在全球搜索与生态社区规模类似的、运用一体化系统的社区案例及最佳实践。不出意料，我很快发现类似社区凤毛麟角，仅有的几个的性能数据收集更是少之又少。但是，收集到的数据足以全面分析所选的四个案例。

在搜集材料的过程中，我制定了一套简单明了的可持续发展的标准。即每个社区规模都应该在 1000 户以上，以借用、平衡各个能源系统；每个综合社区都要便于步行及骑自行车，就业与居住空间比至少为 30%；都有易于到达工作和服务设施的便利公交体系；有激进的节能、节水目标和垃圾回收、垃圾处理目标。同时，我要找的社区规划流程的目标是利用可再生资源满足大部分或局部的能源需求。但最重要的是，社区（全部或局部）已经建好一段时间了，已有现成的性能数据。

可持续发展的标准诚然重要，我要找的项目还要以为居民营造高品质环境为己任，因此城市设计、建筑设计、景观和公共空间的设计同可持续发展一样重要。换言之，我要找的是城市设计和可持续发展共同实现的项目。我很好奇可持续发展和城市设计之间是否存在冲突。如果存在，两者应如何权衡，以及两者功能的实现是否相互影响？

以这些标准，很快筛除掉几个小型标志性项目，如伦敦的百户贝丁顿零碳开发社区（BedZED 社区），尽管其运用了最先进的一体化系统，同时实现城市设计和可持续发展。也排除了几个尚无数据可查的新项目，如伦敦的格林尼治千禧村、西班牙潘普洛纳市外的萨里古伦（Sarriguren）社区。在丹麦哥本哈根西南角的 Ørestad 社区，地铁、轻轨便捷地通往市中心和国际机场，大型建筑物矗立在较大尺度的街区（出入口及街道较少）中。结果造成高格调的标志性建筑物和单调乏味的步行环境，这与哥本哈根充满活力的步行环境形成鲜明对比。此外，除了中密度、公交导向型发展外，社区中明显没有其他综合性能源、水和废物的可持续发展策略。

在仔细梳理五大洲的项目之后，我发现几十个正在规划开发的项目（其中16 个是克林顿基金会的气候良性开发项目组出资开发的）[6]，但仅有几个建造完成，并有数据支持。2009 年，在哥本哈根气候变化大会的闭幕式上，尼古拉斯·斯特恩（Nicholas Stern）男爵沉痛地指出了缺少示范性案例的现象。当有人问及未来实现低碳的拦路虎是什么时，男爵侃侃而谈：除了经济、法律及目前开发方式的社会惯性之外，我们还缺乏已有性能数据的具体实例模型。[7]

起初，我打算选定八个项目：BedZED 社区、格林尼治千禧村、萨里古伦社区、Ørestad 社区、Bo01 社区、哈默比湖城、康斯伯格及沃邦。经过调查，我认定只选四个最佳案例应该会更发人深省。我运用自定的标准，决心选取最佳项目，很快将目光聚焦在后四个项目上。本书就这样问世了。

这四个社区除了符合基本条件之外，还提供了利用本地可再生资源——风能、太阳能、地热及城市垃圾——提供产能的四个不同方案，而且每个方案都各有其妙，展现了社区一体化系统，是类似于克莱斯勒式的"车盖下的魔法"。Bo01 社区使用当地风能给地源—海水源热泵供电，来供暖及制冷。哈默比湖城用三个系统把垃圾变成能源：一是燃烧可燃垃圾为本地供暖、供电；二是从污水处理系统获能；三是污泥变沼气供 1000 户家庭烹饪使用及为本地公交车供电。康斯伯格有两个大型风力发电机（3.2 kW），负责本区一半的供电；燃烧天然气的热电联产负责另一半的供电。沃邦利用本市的木屑实现热电联产。沃邦还有一些建筑实践了最成功的太阳能方案，利用被动太阳能直接获得系统供暖，同时利用屋顶的太阳能光伏板供电，做到每年为城市回馈 15% 的电能。

四个社区都符合节能标准。康斯伯格和沃邦都有些建筑达到了 $15\ kW\cdot h/(m^2\cdot a)$ 用于供暖的极高目标。这些社区使用了各种太阳能系统。Bo01 使用真空管集热器来辅助区域供暖系统。哈默比湖城使用太阳能光伏板和管道来加热冷水供居民使用。康斯伯格建了大型太阳能光伏板，带有一个大型季节性的储水箱，可于夏季捕捉太阳能用于冬季供暖。四个社区都在建筑物上安装了太阳能光伏板：哈默比湖城在朝南的墙壁上安装了垂直的光伏板；康斯伯格将光伏板安在了屋顶，主要用于示范；Bo01 社区用太阳能光伏电池作为示范；沃邦更是大胆地将太阳能光伏电池放在住宅屋顶及大型停车场顶棚上。四个社区都各显神通地开发出固体垃圾收集系统：Bo01 社区和哈默比湖城都有真空管道系统。此外，四个社区都开发了雨水管理系统，设计成了景观的一部分。但四个社区无一自建污水处理系统或回收系统，而是依赖所在城市的污水及饮用水系统。

本书对四个社区所呈现的一系列可持续发展策略，进行了各个层面的分析比较。通过运用真实的性能数据比较各个策略和所用原则，揭示了哪些是成就低碳和低能耗目标的关键，以及哪种策略更有助于提高抗灾性。可想而知，收集性能数据并不容易，因为各社区在规划时没有制定详尽的监控措施。我们的报告基于不同机构提供的数据，所以难免会存在一些错漏之处。电厂、公共基础设施单位和各机构都靠电表来收集基础数据。因为没有感应器或单独的电表，我们无法评估每个独立系统的性能表现。无论如何，通过对比分析各机构提供的众多报告，并采访了一些相关人员，我和我的学生们最终采用了一套合理的数据。本书编写的目的之一是提供一套可持续发展社区的标准框架，同时，希望提供一套性能表现的基准线，来分析第一批一体化系统的成绩，以及为几十个正在筹划或审批中的零碳或低碳社区提供一套性能对比的标杆。

当然，可持续发展社区的创新策略不是空穴来风，而是有的放矢的规划流程的结晶。案例一次次地证明：开发流程是实现合理、高效、优美的一体化系统的关键。四个案例都提供了实现可持续发展目标的规划流程的具体步骤和重要经验。

这些案例都说明了社区尺度的可持续发展，不是找到一个一刀切的固定办法来按部就班地使用既有技术和开发程序，而是要探索如何将技术策略、城市设计整合成一个高品质的城市环境，为居民提供丰富的社区生活。有谁会愿意住进一个可持续发展的活教条里，整天忙着查电表？城市设计的挑战是如何让可持续发展为高品质的生活质量锦上添花，城市设计（街道、街区、公园及城市景观的设计）的理念如何融入可持续发展的策略？两者是否有冲突？如有的话，如何取舍？

　　在某种层面上，这四个社区的城市设计和城市形态的原则是很相似的，都是传统型的街道和街区，规划因地制宜，充分利用场地和景观的特殊条件，包括湖泊、海岸线、丘陵特征，以及太阳朝向、风向和自然景观；公共空间（公园、游憩区、中庭、广场和城市景观）都丰富着每个社区的形态；虽然规划在城市设计框架上且沿袭传统，但街区、建筑、街道和城市景观的革新注重细节，经得起推敲，巧妙地将可持续发展同城市设计结合起来。本书希望通过具体剖析这些城市设计的方案和内容，对其物理和空间维度进行细致的图解对照，从而准确比较各社区的成功之道。

　　通过案例分析找到的这套经验是为了创造更有价值、健康又环保的生活方式，低碳或零碳只是其中的一个层面而已。尽管案例集中在欧洲，但这些可持续发展社区的经验是可以在全球推广的。本书重点介绍了四个社区为适应特定的国家和地方情况而创建的原则、政策、实践和一体化系统技术。本书分析的那些一体化系统的设计经验不但可以用于新社区的开发，还可以用于现有的社区、行政区和城市的改造。今后 50 年，很多城市基础设施将面临整修、更新或重建，本书的策略应该是有参考价值的。

　　亚当·里奇（Adam Ritchie）写道："可持续性是关于诗意、乐观和愉悦的，能源、二氧化碳、水及垃圾（虽然非常重要）都是次要的。"路易斯·康（Louis Kahn）说："'可量化是服务于不可量化的'，不可量化的重要性不比可量化的差，理想情况下两者将共同发展。"[8]

　　很多时候，城市设计的必要性常常是忽略可持续发展的借口。另一方面，气候变化的威胁使可持续发展又成了设计的首要目标，反而要牺牲其他的质量要求。要想让可持续发展真正可以持续发展下去，需要将其与城市设计糅合成一体。本书的最终目的是分析这四个社区和美国近期出现的案例是如何成功做到这一点的，以揭示各社区城市设计的优点以及可持续发展的性能表现。希望这第一批的几个优秀案例可以为开发设计的思路和创新提供一个基准线。各区的策略和其暗藏的层面代表的是一种新模式、新举措，开创了一体化综合系统来实现可持续发展，这不但引领了低碳的未来，而且创造了丰富多彩的城市生活方式，使可持续发展成为修身养性的要素，又增加了抗灾性。正如巴克敏斯特·富勒所云："变革从来不是对现行体系的抗争。变革是建造新模式以淘汰现有模式。"

注释

1. 引自"YARO D Robert, Regional Plan Association, 'Before the Next Storm,' November 12, 2012. http://www.rpa.org/2012/11/before-the-next-storm.html."（访问时间：2013-1-7）。

2. 引自"CALTHORPE Peter, Urbanism in the Age of Climate Change. Washington, DC: Island Press, 2010: 8."。

3. 原文为"Homo ludens"，译为游戏者，即参与游戏的人，这一概念出自约翰·惠津加（Johan Huizinga）于 1938 年首次出版的名为"Homo ludens:a Study of The Play Element in Culture"的书中。

4. 该工作室的工作发表在 2005 年天津城市规划设计研究院和加利福尼亚大学伯克利分校环境设计学院的报告"Principles and Prototypes—Tianjin Transit-Oriented Development"中。另见"Harrison Fraker, 'Unforbidden Cities', California 117, no. 5 (September/October 2006): 44–49."。

5. 奥雅纳工程顾问公司（ARUP）在 2007 年 8 月的报告"Qingdao EcoBlock Prototype, Pre-Feasibility Study Report"中总结了生态街区理念。

6. 引自新闻稿"William J. Clinton Foundation and US Green Building Council, 'Clinton Climate Initiative to Demonstrate Model for Sustainable Urban Growth with Projects in Ten Countries on Six Continents,' May 18, 2009."。

7. 出自作者对 2009 年 3 月 10 日至 12 日哥本哈根召开的气候变化国际科学大会的闭幕会议上，尼古拉斯·斯特恩（Nicholas Stern）男爵演讲的笔记。

8. 引自"RITCHIE Adam, THOMAS Randall. Sustainable Urban Design: An Environmental Approach, 2nd ed. London: Taylor and Francis, 2009: 3."。

2

瑞典马尔默 Bo01 社区

Bo01 社区可俯瞰位于丹麦哥本哈根和瑞典马尔默之间的厄勒海峡,是欧洲千禧年住宅博览会的参展作品,在 2001 年底开放。它也是名为西港区的大型重建项目的首期工程,素有"明日之城"的美名。

图 2.1 从西南方向俯瞰瑞典马尔默 Bo01 社区 [摄影: 乔金·劳埃德·拉博夫(Joakim Lloyd Raboff)]

2001 年, 住宅博览会开幕时, 他们建好了 Bo01 社区总规划的 1303 套住房之中的 350 套, 之后陆续建好了余下的 953 套, 加上西港区开发规划中的达坎(Dockan)和佛拉格豪森(Flagghusen)两个社区, 共计建成住宅 2822 套。整个西港区规划有 8000 套住房, 可容纳马尔默大学两万名学生及工作人员的商业服务设施、三所中学、七所小学、停车场及娱乐设施。作为创建可持续发展的城市开发区的先锋典范, Bo01 社区和兴建中的西港区是目前世界上受访最多的、曝光最频繁的、被引用最多的可持续发展范例, 也是世界上首个声称 100% 使用可再生能源的社区。尽管博览会已经过去多年, 但该社区的规划流程、设计理念、所采用的系统仍是可持续发展社区或行政区的秘诀所在。

规划流程

　　Bo01 社区是马尔默市政府自 1995 年以来精心、综合规划的硕果。1990 年，考库姆造船厂旧址上的萨博工厂关闭，在厄勒海峡东岸空出了 140 hm² 的优质土地，拉开了规划流程的序幕。马尔默和哥本哈根间的厄勒海峡大桥和隧道的建成，使得哥本哈根市中心至国际机场仅 30 min 车程，为该区的开发提供了新的机遇。远景规划提出两个战略项目：一是建设马尔默大学；二是申请举办瑞典建筑规划管理局（SVEBO）资助的住宅博览会（SVEBO 是瑞典全国住房建筑规划委员会成立的瑞典房屋管理机构）。[1]

图 2.2 从 Bo01 社区看厄勒海峡大桥
（摄影：乔金·劳埃德·拉博夫）

图2.3 Bo01社区在马尔默的具体位置
[制图:杰西卡·杨(Jessica Yang)]

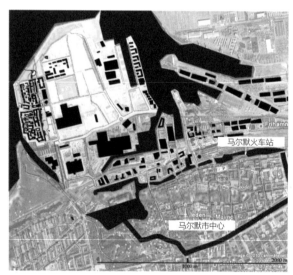

图2.4 Bo01社区区位规划
(制图:杰西卡·杨)

瑞典自20世纪30年代开始就积极主办住宅博览会,以促进房屋设计打破常规、追求创新。在瑞典建筑规划管理局(SVEBO)、政府和行政管理部门的大力支持下,瑞典首个将高瞻远瞩的解决方案全面运用于可持续建筑和城市发展的住宅博览会作为一个创新项目出台了[2]。1996年,他们没有选择瑞典的大都市,而是选中马尔默的Bo01社区,作为欧洲千禧年住宅博览会的第一个举办地。马尔默荣幸入选之后,市政府立即积极投入工作:收购所定地区的土地。SVEBO任命克拉斯·谭姆教授(Klas Tham)为总建筑师。由规划师和建筑师组成的团队,同市政府规划办公室和开发商协同工作,开始规划。1999年,规划小组制定了项目开发的原则和标准[3]。马尔默市政府和SVEBO任命的博览会建筑师完成了概念规划:运用质量标准,建造一个具有高品质生活条件、生机勃勃、可持续发展的密集型社区,它"致力于运用一体化系统,同时事无巨细地明确标准、具体目标和方向,为可持续发展提出具体解决办法,包括提高能效、废物源头分离、提高绿植覆盖率和生物多样性"[4]。

作为主要地权人,马尔默市政府当仁不让地做了"一揽子承包商",承担起规划与建设所有公共空间和基础设施的重任,而个体开发商负责每一个地块边界内的建设。[5]地产部、公园与公路部成立了专门的组织,负责基础设施和公共空间的规划与建设。

尽管马尔默市政府和SVEBO任命的博览会建筑设计委员会是实行质量标准的主要推手,但由于他们的积极参与,那些致力于更严格质量标准的开发商也加入其中。市政府和SVEBO组建了一个专门的住宅博览会公司负责参展活动的所有事项。世界各地共16个设计开发团队参与该项目,并得到了城市建筑师及博览会建筑设计委员会的批准。这

16 个团队同马尔默市政府签订了土地分配合约,承诺遵守质量标准的规定。住宅博览会公司同开发商也就博览会具体事项签约,市政府同 SVEBO 也签订了关于作为临时博览会的进一步合约。

　　启动资金来自 SVEBO,瑞典本地资金项目署(LIP)筹集的资金用于可持续发展系统规划及设计的附加费用。为加速瑞典城市向生态城市转变,瑞典环境部设立的本地资金项目署(LIP),于 1998 年运转至 2003 年。资金到位后,项目预计目标如下[6]:

　　(1)减小对环境的负面影响。

　　(2)提高能效。

　　(3)倾向于使用可再生的原始材料。

　　(4)推广回收再利用。

　　(5)保护并加强生态环境的多样性。

　　(6)促进植物养分的循环。

　　(7)减少有害化学物质的使用。

　　(8)创造更多的工作岗位。

　　(9)鼓励并帮助市民参与开发可持续发展项目。

　　1999 年,Bo01 社区收到了 LIP 的 2.5 亿瑞典克朗(约合 1.9 亿人民币)的款项,开始了以下八个倡议领域的 67 个项目[7]:

　　(1)城市规划。马尔默市政府和 SVEBO 的设计师在传统欧洲周边街块型的住宅模式基础上提出创新,制定了概念规划方案。

　　(2)土壤净化。马尔默市政府制定了净化方案,计划使用填埋覆盖旧有土壤的方法,去除之前的工业污染。

　　(3)能源。当地的公共事业公司西德克拉伏特(Sydkraft)设计了一体化系统的方法,该方法可充分利用本地可再生能源,如风能、地热能和太阳能,实现 100% 供能。同时提高建筑物的能效。

　　(4)生态循环。马尔默市在全面分析垃圾和污水的替代系统之后,制定了一项方案,该方案可最大程度减少材料使用,再利用材料,以及尽可能地变废为能。

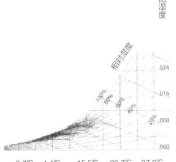

图 2.5　焓湿图显示 Bo01 社区全年每日的气温范围,表明被动式太阳能供暖是适应气候设计的最佳策略。采暖度日数(HDD)在 18℃时 =6241℃·d,空调度日数(CDD)在 22℃时 =186℃·d。[制图:哈里森·弗雷克,数据来源:ISK_E5NEMA2 号气象台,瑞典马尔默(13.13°E,55.57°N)]

图 2.6　Bo01 社区平面，标明填埋土各处的日期及位置 [图片来源：瑞典环境、农业科学及空间规划研究委员会（Formas），马尔默市政府]

（5）交通。马尔默市政府首先制定了全面的规划理念：降低用车需求，尽量采用最环保的出行方式，包括步行及自行车；建造便捷的公共交通（公交车）网（住户距离公交车站 300 m 之内，公交车每 6 ~ 7 min 发车一次）；并且制定"环保"车规定，为居民提供共享车的服务。以上均由出行管理信息系统来具体负责。

（6）绿地结构和水系统。马尔默市政府和 SVEBO 任命的博览会建筑师们制定了规划蓝图，致力于创造宜居的城区，包括利用储水系统作为城市设施的生态雨水系统，为地表绿地、绿化屋顶、种植床、绿色立面、透水铺装和指定的栖息地研究区等地提供最小绿地系数。

（7）建筑及居住。马尔默市政府和 SVEBO 任命的博览会建筑师们制定了区域发展规划，规定了绿地空间使用和配色的原则。但框架灵活，足以让各个房屋开发项目自由发挥。

（8）信息宣传及知识。马尔默市政府和 SVEBO 在参展之前、展览期间及之后，都积极收集资料、报告住户入住后的评估结果。这期间至少有 13 名专业人士先后撰写了研究报告；瑞典环境、农业科学及空间规划委员会（Formas）发表了详尽的报告；市政府印制了许多宣传小册子；30 个以上的"事实箱"以及公众教育项目使 Bo01 社区成为可持续城市开发的知识、资讯和辩论中心。

Bo01 社区开发的创新理念是瑞典首例可持续发展的城市设计模式，是瑞典从上至下的政府决策和资金扶持的硕果。SVEBO 为欧洲千禧年住宅博览会提供了额外资金，欧盟和 LIP 为共创瑞典更可持续发展的未来也提供了资源。Bo01 社区的首期工程在城市地区尺度上为探索可持续发展新模式开辟了道路。

SVEBO 期望建设一个有自给自足的生态循环系统、完全利用本地可再生资源供能的"瑞典可持续发展城市的全国典范"[8]，Bo01 社区即是照着这个目标开发出来的。市政府和博览会的建筑师糅合了远超出狭义的可持续发展定义的诸多层面，包括能源、技术、减排、绿地，并通过一定程度的牺牲和某些不便平衡了各个方面。他们设计的一体化系统旨在让可持续发展服务于高品质的城市生活。

　　马尔默市政府和开发商共同起草的质量标准[9]是实现这些目标的指导工具。它作为开发商的基本原则，来保证该社区的建筑设计理念、环境、技术和所提供的服务都是一流的。可想而知，如此广泛而全面的目标，大多是定性而非定量的，以鼓励 16 个设计开发团队积极创新。尽管市政府和开发商的土地分配协议里明文写有质量标准的规定，但是如果没有达到目标，并没有任何惩罚，而超标也没有奖励。如此看来，合同更多是开发商做出的道德上的承诺。然而，未来成千上万的博览会访客和 LIP 的性能评估报告，注定要影响开发商的名誉。

交通系统

　　Bo01 社区交通系统的目标是马尔默市政府制定的。开发过程中，市政府在该社区设置了交通部办公室。规划过程中，在 Bo01 社区创造的适宜环境的交通系统新方式，已成为马尔默市的一个范本。他们在规划时，并没有明确各类交通模式应占的比例，而是通过设计、津贴和信息系统来鼓励步行、骑自行车、使用共享汽车，以及使用公交车和环保车，减少私家车的用量。

　　Bo01 社区可持续发展的交通模式始于降低对汽车的依赖。通过在开发区内提供完善的服务设施和娱乐活动，居民外出的需求得以大大降低（详情请见本章"城市设计"的部分）。

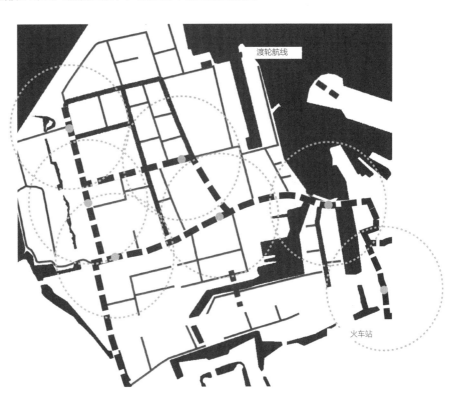

图 2.7　Bo01 社区交通系统规划 ［图片来源：马尔默市政府，"设计原则"。制图：穆罕默德·穆明（Mahammad Momin）］

自行车体系和步行网络可以说是绿色环保的交通系统中最重要的因素，设计优先考虑了零碳且完全可再生的出行模式。自行车道被设计成一个完整的网络，有明确路标，连接市内各大主干道和重要目的地。步行道和边道采用高质量的材质铺设，包括各种地砖、混凝土、大理石和木材。所有建筑首层层高较高，适合开商店和建设服务设施，增添行人在街道上行走的乐趣。除了这种乐趣之外，设计师还设计了各种穿越街区的小径，让步行和骑行成为该社区优先于驾车的出行方式。

公共交通是整个交通系统的必备部分，一个综合公交系统在开发初期就投入建设了。在这个系统中，所有住户与相邻公交站的间距不超过300 m，每 6～7 min 发车一次，可连接各大主要目的地，车辆使用环保燃料（电及天然气）。居民和业主可以随时上网查看车次及到达时间。车站也有实时信息显示，便于乘客安排出行计划。

设置地下停车场及有限的路边停车位。最初的停车位配比是 0.7 个/户，以鼓励步行、骑行和乘坐公交车。然而，后来为适应市场需求，改成了 1.5 个/户。为了鼓励居民购买环保车，社区规定环保车车主可以优先购买停车位，并在指定地点增设了慢充电服务点。此外，社区配备了专门的天然气站和快速充电站。鼓励居民参加提供绿色环保汽车的共享车服务，以降低私家车的使用率。

LIP 资金让市政府可以在 Bo01 社区开发可持续发展的公交系统。这一系统成就卓越，乃至后来成为马尔默市的一个范例。市政府在社区内设了交通部办公室，向居民推荐可持续发展的出行方式，建议居民和从业者选择更环保的出行方式，比使用私家车更节省。

目前尚无西部港口开发区的交通情况的全面调查报告。现在调查步行、自行车和私家车、共享汽车、公交车的使用情况为时尚早，在开发计划中还存在许多未开发的物业，这使步行和自行车无法形成完全运行的连续网络，所以无法和其他交通模式相比较。初步报告表明：开发区现阶段的出行模式类似于马尔默市的平均状态，私家车使用率是 50%，每户的停车位配比从 0.7 个提高到 1.5 个，表明私家车的需求很高（源自该区更大量的人口统计结果），但并不表明私家车的使用量很高。

城市形态

Bo01 社区城市形态成功的一个重要因素是对现代建筑的高质量且丰富多样的诠释。项目的成功还缘于他们成功地将项目划分为小的开发地块并分配给不同团队。每个设计开发团队都须遵循总规划的建筑高度、密度、绿化率，也有因地制宜自由发挥的余地。

图 2.8 Bo01 社区的设计指导，标明各个设计开发团队的编号和地块（图片来源：马尔默市政府，2006）

项目愿景是建造"集工作、学习、服务及居住功能于一体的完全都市化的区域——一个向知识之城转变，并在展览会之后持续充满活力的社区"[10]。市政府打算利用此次机会，重建马尔默市中心同厄勒海峡的连接，从市中心可直达海峡并将海景尽收眼底，同时将可持续发展同"高品质的建筑、公共环境和材料"融为一体。它至少如"非可持续发展"的城市一样便民、宜居、美丽，在此前提下，给居民提供长久的愉悦性与舒适性。[11]

Bo01 社区在很大程度上重塑了欧洲传统城市的品质，这些品质包括精巧而高密度、建筑设计纷繁复杂、功能综合、巧妙整合公园广场和安静的居住区、形式多变的街道（大道、长廊、小径编织成了神秘而颇带惊喜的网络）。

Bo01 社区的城市形态是因地制宜地围绕海、天、地平线、夕阳和厄勒海峡开发的，设计降低了强劲的西风[12]这一微气候的不利影响。他们设计了不同的人行道，让居民可以根据天气和个人喜好选择出行的路线。

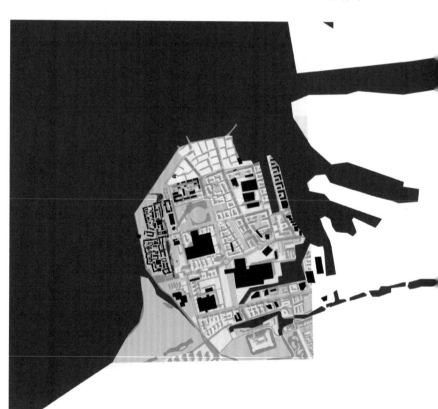

图 2.9 Bo01 社区总体规划（图片来源：马尔默市政府，"设计原则"）

规划采用的是由传统街道和步道界定的大型、半开放式的街块。这样的模式提供了清晰明朗的框架，而每个因素都大胆而又巧妙地转化成独具特色、出人意料的城市空间，形成宏伟和私密的强烈对比。

设计突出了内外之别。海滨步道是沿着整个社区西侧的一条宽阔的步道长廊，可遥望海景和厄勒海峡大桥，以及地平线上的丹麦。步道由多种丰富的材料建成，为当地居民和外地游客带来了美丽的景致。巨石护堤形成一条崎岖的缓冲区，将水畔同步道分开。体育场式的阶梯和座位直接通往水畔。巨石护堤上全程铺设有木板，两侧都有绵延的阶梯坐凳。外侧可以听海涛，内侧有供人休憩又远离海风的座凳。长长的木椅和建筑物之间的空地上铺着小鹅卵石，随机镶嵌着小木块和玻璃。这个重建的连接马尔默和海滨的区域已经成了当地著名的旅游景点。

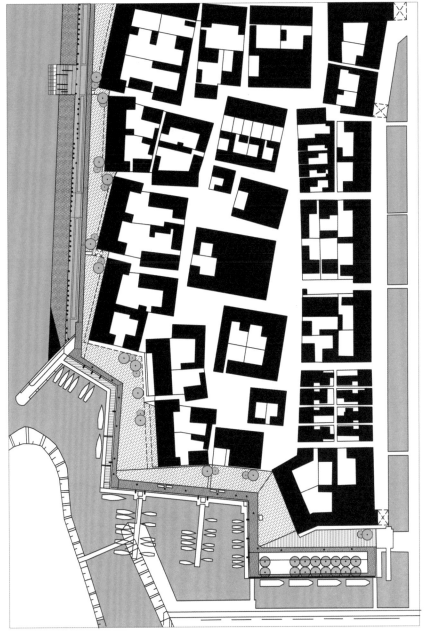

图 2.10　Bo01 社区第一个街区和长廊的拆迁计划【图片来源：耶珀·奥高·安德森（Jeppe Aagaard Andersen），制图：爱丽尔·乌兹】

图 2.11 Bo01 社区长廊的座位及建筑物的一角（摄影: 乔金·劳埃德·拉博夫）

步道旁边是五到七层高的板楼，大概 50~60 m 长，中间有些小间隔。各楼之间的角度设计以防风为主要目的（使风向偏转）。街区内的建筑物正好位于海边那排建筑的缝隙间。这样设计可形成有效的防风墙，在保障行人通达的同时，彰显内外体验的不同。

大块的街区已经划分成不同尺寸的小开发地块，每个地块角度都有变化。每个设计开发团队都分有地块，自行设计开发。所以设计出来的效果有中世纪邻里的感觉，内有看似漫不经心的悠悠小径和小型广场，建筑风格迥异，在规模、材料和形态上形成对比。居民可以随意漫步在这变化不断而又宁静怡人的社区里，与外部海滨步道的感受形成强烈的对比。海滨步道是大众的、有远景风光的休闲场所，而社区里是属于居民的安静、隐蔽场所。

在整个规划中，第一街区的东侧有一处线型绿地空间，伴有一条海水河道贯穿始终。多余的水通过河道北端以及南端的小码头流入大海，河道可以作为雨水蓄留池发挥调节作用。同西侧的海滨步道一样，社区东侧也是四层到五层高的板楼，形成一个面对铁锚公园（瑞典语: Ankarparken）的连续、硬质边界。公园和楼群界定了大型街区的东侧边界。而公园本身可以看成是超大街区里的一系列新旧建筑物的内部空间。一个规划是另一个规划的开始，这样的诠释丰富了城市的内涵。这样的设计策略鼓励独立开发地块，自由发挥设计风格，创造了丰富多样而又风格迥异的设计。

图 2.12 Bo01 社区第一个街区的内部，南向 [摄影：延斯·林德（Jens Lindhe）]

Bo01 社区的城市形态策略可以说是一个空间套一个空间的演进，类似于俄罗斯套娃。每次演进都提供了对比、个性和惊喜。在这样的情况下，地面、城市铺装以及雨水的处理，作为环境问题和设计特点，在从内到外、从私到公的多重转换中都起到了重要作用。

高密度、多功能的低层板楼与一个傲然矗立的住宅塔楼——旋转大厦形成鲜明对比。旋转大厦高 54 层，是瑞典最高的住宅楼，人口净密度是每公顷 865 户。那些低层板楼在同等占地面积下的人口密度只有每公顷 34 户。这种高度和人口密度的强烈对比极大地丰富了城市形态。旋转大厦的高度使它成了行人在复杂的街区内的一个指路标，同时，它又是马尔默市和厄勒海峡大尺度景观的新地标，在丹麦和厄勒海峡大桥上都可以看到。它俨然成了马尔默市新区区域经济复苏的象征。

创造高度和密度的强烈对比，突出体现了低层和高层开发的最好特质，而不需要任一方做出妥协。塔楼给低层高密度住宅的亲切感和多样性提供了一个视觉参考点，同时提供了方向和尺度感，这个独占鳌头的大厦的视线不被其他塔楼阻挡，而它更高的密度也为社区地面的街道景观增加了人气。

图 2.13 Bo01 社区的旋转大厦,瑞典最高的住宅建筑(摄影:乔金·劳埃德·拉博夫)

美国洛杉矶的威尔士大道和巴西圣保罗都有这样的成功先例。这两个城市将高层建筑形成的交通长廊建造在低矮的住宅区内,形成鲜明的对比。这样的搭配使两种建筑的风格既各成一派,又相辅相成。目前,这种策略尚未得到充分认识。Bo01 社区的街区开发再次提醒了人们其潜在的魅力。

绿地空间

开发商们为使 Bo01 社区成为"丰富物种栖息的城市住区",采用了两种相对独立又相辅相成的策略。首先,开发商致力于至少达到该区与马尔默市政府所列的 35 个绿化要点中的 10 个要点。[13]

Bo01 社区与马尔默市政府所列的 35 个绿化要点标准：

（1）每户均有鸟巢。

（2）每 100 m² 的庭院要为某种昆虫安排群落
生态环境（不包括植物环境）。

（3）地块边界处安放蝙蝠箱。

（4）庭院要一律铺设可渗透材料。

（5）庭院非硬质铺装处一定要保证覆土深度，
以便种植蔬菜。

（6）庭院也包括传统的花园及其所有组成部分。

（7）建筑外墙尽可能让攀援植物覆盖。

（8）庭院中每 5 m² 的硬质铺装区域要有一个
1 m² 的池塘。

（9）庭院要特别选择蝴蝶喜好的产蜜类型植物。

（10）庭院中同一种乔木或灌木的数量不可超
过 5 棵。

（11）所有培植的群落环境都要清新、潮湿。

（12）花园的生态环境要设计得干燥而简洁。

（13）整个庭院的生态环境要自然天成。

（14）雨水在收集排放之前，至少要在地表流
动 10 m 以上距离。

（15）庭院没有草坪。

（16）所有建筑及庭院所收集的雨水均用于建
筑内部的植物灌溉、洗衣等。

（17）所种植物要适合家用。

（18）庭院尽可能适合无尾两栖动物和冬眠
动物。

（19）在庭院及两楼相交处，每户设置至少
5 m² 的橘园和温室空间。

（20）庭院要常年提供鸟食。

（21）每 100 m² 的庭院内要至少有两种传统
果树。

（22）屋前安装燕子筑巢箱。

（23）庭院内全部要种上蔬菜水果。

（24）开发商或景观设计师要同生态专家共同
利用生态原则来制定总体规划及具体方
案。（生态专家的资质需经 Bo01 社区
或马尔默市政府认可）

（25）庭院里要将生活污水净化，实现再利用。

（26）利用住宅及庭院的垃圾堆肥。所得肥料
要完全用于庭院或阳台的花圃。

（27）庭院内的所有建筑材料，包括地表上的，
木料、砖石、家具及设备上的，都要用
二手的。

（28）无庭院的居住单元要在阳台设置至少
2 m² 的植物生长空间。

（29）庭院的一半是水。

（30）庭院的植物、设备和材料要有明显的主
题颜色。

（31）庭院内的所有树木都要是果树，灌木要
是果类灌木。

（32）庭院的灌木要修剪出特色。

（33）要让庭院的一部分自然生长。

（34）庭院内至少有 50 种瑞典野生开花型植物。

（35）所有住宅屋顶都要有绿色植物覆盖，蔬
菜亦可。

其次，每个具体的建筑项目都要保证满足绿色空间系数[14]。该系数是所有可行因素的平均数，是每个建筑立面的得分数。部分加权系数是针对上述的绿化要点。Bo01 社区要求所有建筑立面的平均绿色空间系数必须达到 0.5。例如，当自然地表绿化系数为 0 时，建筑立面和其他覆盖面的系数需要达到 1.0。如果两个仅有的覆盖面的表面积相等，那么绿化空间系数分别为 0.5。所有覆盖面的表面积乘以它们的绿化空间系数后的总和除以所有覆盖面表面积总和必须达到 0.5 的平均值。见表 2.1。

表 2.1 部分绿化及铺装系数

部分绿化系数		部分铺装系数		部分硬质铺装系数	
地表绿化	1.0	开敞空间铺设（草皮覆盖的地方、碎石、鹅卵石、沙子等）	0.4	收集、滞留雨水（密封的或硬质表面的附加系数，排至容量大于 20 L/m² 的池塘或储水池）	0.2
池塘、小溪和沟渠的水体	1.0				
屋顶绿化	0.8				
托梁上的种植床深度大于 800 mm	0.8	有缝隙的铺装区（石头或石板）	0.2		
托梁上的种植床深度小于 800 mm	0.6				
树木胸径大于 35 cm（每棵树的种植面积不超过 25 m²）	0.4			密闭地表的排水（排到附近的绿化地表处）	0.1
高于 3 m 的独立灌木或灌木丛。（按每棵树或灌木丛种植面积不超过 5m² 来计算）	0.2	不可渗透区（硬质屋顶、沥青、水泥等）	0		
高于 2 m 的攀援植物。（按树的高度不超过宽度的两倍来计算）	0.2				

这样一来，在没有指定解决方案的情况下，各建筑团队各显神通，设计出了特色各异的地表绿化。总体目标是尽可能绿化住宅及庭院，涵养雨水以改善庭院环境。

西港的绿色空间体系可以说是利用不同规模及用途的花园及各种通道来代替常规的街道。有些绿地用于雨水收集、储存及物种栖息地营造，另一些绿地被设计为供市民休闲娱乐的场所。整个绿化系统让居民在距住处 300 m 之内就可以享受鸟语花香。所有学校都设计在公园附近，让学生们可以步行穿过公园而非从街道进入校园。尽管绿化没有覆盖整个海岸线，但该体系通过海岸线周围场地上持续的公众参与而获益。

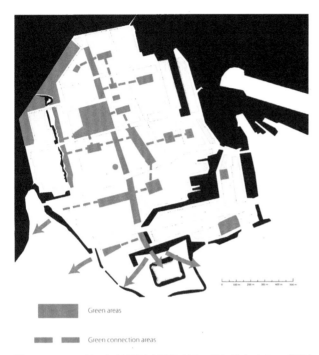

图 2.14　Bo01 社区绿地规划（图片来源：马尔默市政府，"设计原则"）

图 2.15　Bo01 社区雨洪排水设施（摄影：本特·佩尔森）

　　Bo01 社区的城市景观中，雨水沿屋顶流下，有些雨水成为私家庭院中的景色，有些流入雨水收集系统或沟渠中，成为社区开放景观的一部分，而后被引流到街道上，经景观过滤，最终汇入运河或大海。每当天降大雨，社区就活跃起来：潺潺流水欢快地奔流于大街小巷。雨水不再被藏于管道中，而是成了城市形态的一个积极因素。社区的居民因雨水而得以有更多的感官享受。

能源系统

　　质量标准给了能耗一个定量的要求："目标是能耗不超过每年 $105 \, kW \cdot h/m^2$（单位建筑面积能耗），包括所有住宅用能源及建筑自产和回收利用能源。责任方：开发商。" [15]

　　马尔默市政府同开发商在质量方面的洽谈中，Bo01 社区的组织部门提出希望制定比 $105 \, kW \cdot h/(m^2 \cdot a)$ 还严格的目标，但开发商坚称该目标更经济可行，并最终占了上风。

图 2.16 Bo01 社区地块的雨水排水口［摄影：本特·佩尔森（Bengt Persson）］

图 2.17 Bo01 社区雨水蓄水运河［摄影：托本·彼得森（Torben Petersen）］

为达到这一目标，各设计开发团队仰赖他们各自的工程师或结构设计师，来探索合适的技术方案。工程师们利用现有软件模拟墙壁、屋顶、顶棚、窗户、太阳能热性能和建筑内部能源、气密性、供暖、通风以及空调系统，直到计算结果满足要求为止。所有监控建筑性能表现的相关工作人员都清楚地知道能源计算和达到相应性能指标之间的步骤非常复杂。首先，计算只是对现实情况的估算而已，毕竟居民的使用行为对结果有很大影响。质检署完全预见到这一点，因此为"新区居民"制定了"普及教育措施"。[16]

为实现利用当地可再生能源提供全部能源的目标，SVEBO 知道需要平衡公式的两边：能源需求量和可再生能源的供应量。显然，能源需求量越低，就越容易用可再生能源满足所需。考虑到材料的成本问题和可行性，SVEBO 和开发商最终达成了 105 kW·h/（m² · a）的能耗目标，远低于瑞典国家平均值——250 kW·h/（m² · a）。设计开发团队的工程师通过模拟替代方案和技术系统的性能，来证明住户可以达到预期目标。报告表明设计出符合能耗目标的建筑对很多建筑师都是一个巨大挑战。设计师要注重如下细节：① 墙壁和屋顶的保温性能；② 窗户的保温性、尺寸及朝向；③ 密闭性和热桥的构造细部；④ 通风系统的热交换；⑤ 供暖系统的质量、控制和磨合期。总之，被抽测的十栋楼的预估性能都达到或低于 105kW·h/（m² · a）这一能耗目标。其中变数很多，下文会具体探讨。

作为评估过程的一部分，2002 年 10 月至 2003 年 10 月，工作人员连续监控了十栋楼的能源数据。根据开发商提供的预估数据，除了其中一栋楼预估是 107 kW·h/（m² · a）之外，其余房屋的预估能耗都优于 105 kW·h/（m² · a）的数值。计算的平均预估能耗量为 94.3 kW·h/（m² · a）。

能耗预估值与观测值［kW·h/（m²·a）］

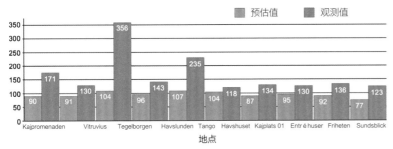

图 2.18　Bo01 社区能耗的预估值和观测值（图片来源: Formas, 制图: 爱丽尔·乌兹）

区域供热［kW·h/（m²·a）］

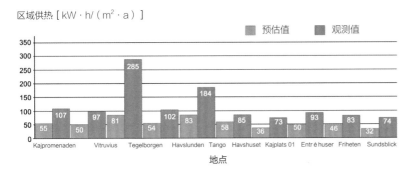

图 2.19　Bo01 住户的供热能耗预估值及观测值（图片来源: Formas, 制图: 爱丽尔·乌兹）

　　然而，实际平均观测值是 167.6 kW·h/（m²·a），高出预估值 78%，高于目标值 60%。让人震惊的是，其中两栋楼分别高达 235 kW·h/（m²·a）和 356 kW·h/（m²·a）。根据数据推断，用电量预估值是 38.6 kW·h/（m²·a），而观测值是 49.3 kW·h/（m²·a），即高出 28%，远低于总能耗高出 78% 这一数值。数据表明用电量虽在能耗中占有一席之地，但供暖才是导致能耗超高的重要因素。

　　对于能耗增高的原因有很多猜测，最可能的原因是各种因素共同造成的。但从其他研究结果来看，罪魁祸首应该是空气渗透率（外围护结构中的缝隙产生的每小时空气对流量），尤其是当地多大风天气。建设中的小缺陷影响了建筑密闭性。即使供热系数高于平均值，低质量建设引起的空气渗透也比墙体、地板、屋顶和窗户的热损失更严重。由这样的假设就可想而知，那些高能耗的楼自然是在社区西角风力最强的地方。

　　导致能耗过高的另一因素可能是热桥。冷空气可直接由外部传导至内部，这可能是由于在结构上未放隔热断桥型材。这两个问题——高空气渗透率和热桥——都可能是为了急于交工赶上博览会造成的。

　　还有一个重要的因素就是居民的使用行为。居民控制着室内用电量、热水用量和采暖量。常开着灯和电视、洗热水澡时间过长、采暖时开窗通风都会大大影响能耗。这些行为都可通过普及教育来改进。实时能源使用量的数据也会促使居民改变使用行为。

　　最后，某些建筑缺少遮阳可能增加了空调的使用量。那些用电量高的用户都有西向的无遮挡的玻璃，这可能造成住户大量安装并使用空调。此假设有数据支持，但尚未得到证实。

　　从能源供应的角度看，质量标准最初的要求是 100% 使用可再生能源。重任落到了当地公共事业公司西德克拉伏特的肩上。该公司提出了一个前所未有的计划：利用风能为小区供电，用地下水水源热泵供暖和制冷，太阳能光伏电池和真空太阳能热水管作为辅助能源。

　　Bo01 社区有三种重要的可再生自然资源：偏高的年平均风速、充足的日照和可作为储热池的海水及地下水。西德克拉伏特公司利用这些资源设计出一套全新系统：通过位于海岸线北部约 1.6 km 之外的一个 2 MW 的风力涡轮发电机，为住户和一套负责小区冷热水供应的大型水源热泵系统提供电力能源。同时利用小区建筑物上的 120 m 长的太阳能光伏电池陈列辅助供电。供暖是由大型热泵提供的，它利用当地地下水和海水作为季节性的储热池，将夏季采集的热能储存后在冬季输送出来。冬季采集的冷气被储存到蓄水层，到夏季时再输送到热泵制冷。此外，社区里建筑物的屋顶和楼侧面设置 1400 m^2 的真空管太阳能集热器和平板太阳能集热器，为本区的供暖系统提供辅助能源。

图 2.20 Bo01 社区的真空管太阳能集热器 [摄影：简·埃里克·安德森（Jan- Erik Andersson）]

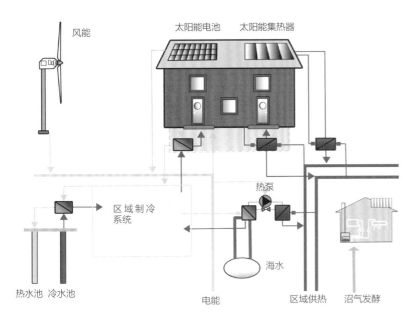

风能

太阳能电池　太阳能集热器

热泵

区域制冷系统

海水

热水池　冷水池

电能　区域供热　沼气发酵

图 2.21 Bo01 社区能源系统（图片来源：Formas；重新制图：爱丽尔·乌兹）

社区的电力系统、供暖以及制冷系统都同现有城市电网、供暖网和区域制冷系统相连，以后者作为社区能源的防护网，抵消能源供给和消耗方面的各种不匹配。当社区能源生产超过所需时，剩余的部分被输送到马尔默市的其他地区；当社区能源量不够的时候，就会接受城市系统的补给。整个系统设计保证了全年可再生能源产量与需求间的平衡。

图 2.22 表现了能耗标准设计为 105 kW·h/（m² · a）的 Bo01 社区 1000 套住宅的能耗和产能量。图 2.23 表现 2002 年 7 月至 2003 年 7 月之间，能源消耗量持续增长，风力发电机和水源热泵利用本地可再生资源基本做到自给自足。

该能源系统的平衡尚未包括社区的三种潜在的可再生能源：可燃垃圾（可输送到市政府的热电联产厂）、食品垃圾和污泥（可输送到沼气池）。尽管这三种资源不在现有能源平衡系统里，但 Bo01 社区仍是世界首个堪称 100% 利用可再生能源供能的社区，并且有实际性能测量值来证明。除了私家车的碳排放之外，整个小区是零碳运作。假定社区的人均用车量与瑞典居民平均用车量相当，则每人每年二氧化碳排放量少于 2 t。

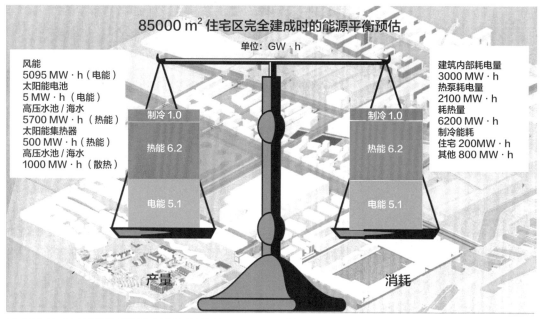

图 2.22 Bo01 社区能源平衡的估计值（图片来源: Formas; 数据: E.ON 公司 / 西德克拉伏特公司）

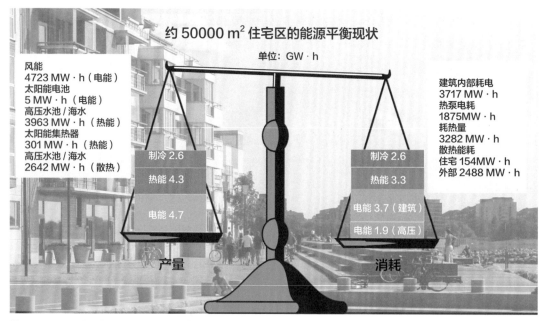

图 2.23 Bo01 社区能源平衡的测量值（图片来源: Formas; 数据: E.ON 公司 / 西德克拉伏特公司）

水处理系统

　　质量标准中没有规定用水量的具体指标。开发商自行选择节水电器和用品的使用。预计每人每天用水量约 200 L，符合瑞典当时的标准。

　　社区的饮用水由马尔默市政供水系统供应。社区中没有专门设雨水收集再利用系统。雨水是作为开放式景观和城市设计的一景，被就地截留、净化之后，排放到大海中去。废水（污水）由马尔默市政排水工程负责处理。该市通过舍伦达污水处理厂的厌氧发酵系统去除污泥，并使之转变成沼气。沼气输送到天然气管网，用于烹饪和发电，目前它对能源平衡公式的贡献尚未被量化。

垃圾处理

　　Bo01 社区的垃圾处理系统也是 LIP 拨款支持项目中的一部分。该系统详尽地分析了不同废弃物及污水系统，建立了该社区的废弃物目标，被称为 Bo01 社区生态循环回收系统，其目标主要是"材料与资源的回收和再利用最大化"。这一目标催生了各种创新系统和大胆试验。

　　因为瑞典的垃圾中有一半是食品垃圾，回收再利用食品垃圾是 Bo01 社区质量标准中明文规定的生态循环回收系统要解决的问题。食品垃圾收集系统的成败取决于是否能成功将其从其他垃圾中分离。Bo01 社区生态循环系统的第一步是综合的家庭垃圾分类体系：分离玻璃、纸张、金属、塑料容器等，鼓励隔离食品垃圾并使其方便操作。马尔默市政府在市政工程中安装了两个大型食品垃圾处理系统，以便考察其便民程度和实用效果。这两个系统是：①垃圾收集点的真空收集系统；②每家的厨房都安装了食品垃圾处理系统。

　　在每个住宅区附近的垃圾收集点，安装了两个附有收集箱的真空槽——绿色的放食品垃圾，灰色的放其余可燃垃圾。居民将垃圾分装在抗撕扯的防潮袋内，再放入真空槽。专门的真空垃圾收集车定期来收取垃圾。可燃垃圾被运送到热电联产厂；食品垃圾被运送到预处理厂，之后再被送到污泥消化厂。

图 2.24 Bo01 社区的垃圾收集站
（摄影：本特·佩尔森）

在 50 户居民家里安装了食品垃圾处理装置。处理过的垃圾被送到一个单独容器内，通过沉淀、分离，水被排到污水系统，余下的垃圾由真空垃圾槽传送到中央沼气池。这两个系统的性能对比为未来应用提供了宝贵经验。

对真空收集装置进行评估后发现，由于在垃圾里发现了少量污染物，造成不得不丢弃六成垃圾，预处理系统和厌氧池也被废弃。垃圾处理装置处理过的垃圾纯度虽高，但 50 户的量实在太小，不足以启动预处理系统，居民也可能同时采用其他方式处理食物残羹。生活垃圾中占 15% 的有机食物垃圾，是制造沼气的好材料，所以值得人们继续努力去探索其能源和养分的潜能。

材料

关于材料选择，质量标准的规定颇为模糊。"适应环境""资源效率"是他们给设计开发团队规定的环保评估标准，这些标准让各团队挑选建材时有很大自由度。既然环保评估标准没有明令设计师必须使用某种材料，那么很多情况下，他们都是凭多年积累的经验来选材。质量标准制定的选材标准如下。

材料计划书：购买材料之前需做出材料计划书——写明预计要购买的材料。有条件的情况下，运用生命周期评价（LCA）方法对材料的使用进行评估并做详尽记录。责任方：开发商。

选材：禁止使用 OBS 国家化学物质检察员所列的限制品。责任方：开发商。[17]

尽管开发商凭多年积累的实践经验来选材，但他们需提交材料计划书，对所选材料对环境的影响做出评估，以及避免使用破坏生态环境的材料，这是史无前例的。这些不仅促使设计开发团队更重视建材对环境的影响，而且揭示了评估建材的工具和手段的相对落后，同时体现了建材的提取制造、运输、使用、回收利用及丢弃等，"从摇篮到摇篮"的各方面评估[18]都缺乏具体资料。从这个意义上讲，Bo01 质量标准在为未来开发研究环保建材的评估方面做出了重要贡献。

社会议程

Bo01 社区的社会议程是嵌入在建设可持续发展社会的目标之内的。这个目标既要求保证高品质生活，又要将 Bo01 社区和西港区建设为马尔默市向信息社会转型的先锋典范。为了在博览会开幕时按时交工，时间仓促，不可能扩大参与进程。不过，他们有一个非正式的测验小组定期召开会议，讨论规划师的提议，同时给开发商制造机会调整规划理念。老年公寓、大家庭住房、公寓楼和租户可自行建造的半成品住房的建议都曾被提出，但最终搁浅了。Bo01 社区的开发商拿到的资料显示未来住户是"有工作的空巢中产阶级"，并包括 197 户学生住房和 376 所学生公寓。余下的西港区后期开发阶段的社会议程仍将围绕以中产阶级为主的住户，主要原因是其基础设施造价偏高。

经验教训

建设"瑞典可持续发展的典型案例"离不开马尔默市政府的卓越领导。市政府当初主动向 SVEBO 提交申请，入选作为欧洲千禧年住宅博览会举办地是决定性的一步。从 SVEBO 争取额外资金，获得 LIP 和欧盟的拨款，是社区规划设计和兴建可持续发展的创新系统的成功之本。

SVEBO 指派的博览会设计师委员会同市政府规划办公室及其他政府机构、当地公共事业公司和感兴趣的开发商的通力合作，是创新项目开发的关键。启用杰出的设计大师克拉斯·塔姆来主持项目是项目成功的另一关键因素。

马尔默市政府作为所有基础设施和公共空间的一揽子开发商，有力地保证了目标的实现。作为地权人，市政府坚持与开发商签署质量标准作为土地收购协议的一部分。作为总开发商，市政府得以协调城市设计、土壤净化、街道及交通设计、建筑标准制定，以及可再生能源系统、固体废弃物和污水的生态循环处理系统的开发建造。关于开发的附加成本，市政府通过出让土地所有权给开发商进行补偿。

Bo01 社区的交通规划是欧洲现有交通规划模式的延伸——公交车（和以后要建的电车）巧妙地同市里的交通体系连接在一起。其独有的特色是为乘客提供实时车辆行程和到达时间；设计的车行道没有给汽车某种路权，而是让行人和自行车优先；鼓励使用燃气汽车、电动汽车和汽车共享服务。社区的成功模式很快推广到马尔默全市。

构建社区"至少要同所谓的非可持续发展的城市一样便民宜居、美丽"[19] 的目标，是 Bo01 社区城市形态成功的秘诀之一。也就是说，可持续发展的策略并未牺牲掉城市设计品质。尽管社区采用的很多可持续发展的手段是明显可见的，如风能和太阳能的采集装置、开放式的雨水收集和储存系统等，但设计师通过巧妙的设计天衣无缝地将它们同建筑设计和城市景观融合在一起。居民可能不会把这些设施同可持续发展相联系，仅仅享受着它们所带来的丰富城市体验。在 Bo01 社区，可持续发展成了服务于高品质城市环境的一种手段。

可再生能源系统同该市的基础设施相连之后才供应给社区的方式让设计师可以放开手脚，不必受单一使用太阳能的束缚等，这让建筑和街区可以继续遵循城市设计的其他必要标准。社区受到正面评价的主要原因之一是强调大型街区内外的强烈对比。在"复杂性""一体化""建造多种类型的邂逅和独处空间""神秘、奇妙、迷失、漫步"[20] 等得分高的因素方面，采用强烈的对比确实是行之有效的手段。外侧的海滨长廊开放而宏伟，配以海滨壮丽的景色和各种亲水活动；同时，街区内却私密、宁静、小巧而随意，配以迷宫式的小径和迷你广场。

市政府将开发地分成小块交给 40 个设计开发团队，带来了多样的建筑形式，避免了单一开发商所造成的单调性。瑞典政府挑选的优秀设计师被评论道："高品质和建筑质量的一致性让 Bo01 社区鹤立鸡群。"[21] 毫无疑问，精美的现代建筑丰富了城市体验。

旋转大厦这一名家设计的高层建筑，成为社区乃至整个城市现代而进取的标志性象征。无论大厦的设计招来多少争议，它本身仍不失为该市城市形象的参考标准和里程碑。

一位外部的评论员对 Bo01 社区带有开放式雨水系统的绿地空间规

划评价道："Bo01 社区对土地、（城市）景观和花园建设的重视可能是城市设计的真正突破。"[22]

Bo01 社区表明城市景观是目前研究缺少的一个方向，却是最有前景、可促进可持续城市设计的领域。

100% 可再生能源供给和 105 kW·h/（m²·a）能耗目标的设定，是该社区建筑和基础设施设计的基石。设计开发团队要展示他们的建筑设计是符合能耗标准的，公共事业公司西德克拉伏特要设计出一体化系统， 发掘包括风能、海水或地下水热能，以及最近流行的太阳能等各种可再生能源的潜力。

但是实现能源性能的既定目标仍是将来实现低碳城市的一大难题。整个过程受多个复杂步骤影响，包括：建筑围护结构和整个体系的具体设计方案、能源模型的准确程度、施工质量、质检的类型及其彻底性、委员会的规定和程序、用户行为的管理和普及教育工作。分析 Bo01 社区这个案例不难发现，任何一步的些微瑕疵都会造成能耗超过既定目标。一旦能耗超过设计目标，可再生能源体系就可能无法 100% 满足能需。Bo01 社区的表现凸显了规划流程中从设计到运作每一个环节的重要性。能源效率目标非常重要，但又是远远不够的。

当地可再生能源的质量是保证实现 100% 使用可再生能源的前提。Bo01 社区很幸运地同时拥有风能、海水和地下水热能资源，又可通过西德克拉伏特设计奇妙的一体化系统同时捕捉并合用这两种资源。风力发电机发电驱动热泵，热泵又利用海水 / 地下水作为储热池来提高热电联产的性能。一体化系统注重获得两种可再生资源的协同作用。

让西德克拉伏特公司拥有并运营整个可再生能源系统，甚至包括私宅所有相关系统的决定是至关重要的。这使屋主不必维护新兴而陌生的科技设备，而将这一责任集中在一个机构上。

可再生能源系统同该市的电网和区域性供暖和制冷系统是相连接的，后者起存储多余能源及适时补充社区能源不足的作用。只有运用市政基础设施作为储存设施这一策略才能保证社区全年的能源供需平衡。

所测的性能数据表明，Bo01 社区 100% 利用本地的可再生能源为社区供能是可行的。目前，Bo01 社区是世界上第一个声称达到这一目标的社区。

关注和利用雨水是社区公共空间的设计特点，也是创建更具活力和生命力的公众体验的一个潜在方法。

在废弃物处理方面，运用生态循环法。第一步是废弃物减量，第二步是回收，第三步是资源再生。其中第三步变废为能对可持续发展的贡献最重要。尽管 Bo01 社区收集有机食品垃圾做沼气的试验失败了，但仍为将来的开发指明了方向。其经验表明，吸取 Bo01 社区两种系统的精要，制造出更经济有效的新系统是可行的。这一新系统可以在每家厨房安装单独的收集器，将分拣好的垃圾倒到附近的垃圾站，之后运送到预处理厂，最终送到消化厂进行厌氧发酵处理。

LIP 拨款资助的八大意向是 Bo01 社区和西港区成为瑞典可持续发展城区的典范的主要原因，这让马尔默市政府和当地公共事业公司、SVEBO 的设计师们、各个设计开发团队都更谨慎地思考可持续发展的定义。除了致力于建造一个高品质的城区之外，他们打造的体系简单明了：首先降低交通和能耗的需要，而后使用最环保的、可再生的资源来满足能源需求，再加上 Bo01 社区回收及再利用资源的生态循环法，就形成了闻名于世的"3R"策略——减量、回收及再生（Reduce, Recycle, Renew），这是公认的可持续发展的基本原则。

具体目标越模糊不清，施工效果会越差，尤其是在选择环保建材方面。尚无公认的选材方式以及尚无"从摇篮到摇篮"的建材对环境影响的具体可靠信息，给选材带来了极大挑战。

所有外在迹象表明，Bo01 社区给马尔默市政府和地产开发商都带来了经济上的成功。虽然没有全面的财务分析见报，但民间盛传市政府和开发商都有盈利。房屋销售的比例和售价表明 Bo01 是中等及中上等收入居民的理想社区。可见，低碳、100% 可再生能源是中等及中上等收入居民选择社区的重要决定因素。经济上的成功与否决定了市政府是否还能继续完成后期工程。所以能否建设面向低收入人群的低碳社区取决于市政府是否能在后期施工里成功找到办法。

美国绿色住区评价体系（LEED-ND）评级

用美国的 LEED- ND 评估 Bo01 这样的欧洲社区（表 2.2）时，出现了一些怪现象，暴露出该体系固有的局限性。例如，尽管 Bo01 社区的建筑在设计阶段就严格达到了各项能源指标要求，但在 LEED- ND 的"绿色建筑认证"这一项却得了 0 分。虽然 Bo01 社区拥有创新和先进的绿色评价系统， 其完全异于停车场和林荫道的美国传统模式，导致"步行街区""街道网络""道路两旁植树遮阳情况"这几项也丢了分。最后，LEED- ND 在"就地可再生能源资源""区域供暖制冷""基础设施能源节约率"方面总共只给出了 6 分，仅占满分 110 分的 5%；"绿色建筑认证""建筑能源节约率"这项给出 7 分，约为总分的 6%。这两项是整个系统设计方案中重要的组成部分，至少减排二氧化碳 50%（除了交通运输的减排），而两项评分比重却只占总分的 11%，根本无法体现其真正价值。虽然 Bo01 社区获评金级，但作为首个实现 100% 利用可再生资源的社区，难道不应该评为铂金级吗？ 可见 LEED- ND 评级权重有待修订。

表 2.2 Bo01 社区 LEED-ND 评估

	标准	最高分	得分
选址与对外联系	前提项: 明智的选址		—
	前提项: 濒危物种、生物群落		—
	前提项: 湿地、水体保护		—
	前提项: 农业用地保护		—
	前提项: 河漫滩防洪		—
	评分项: 优选地点	10	5
	评分项: 棕地重新开发	2	2
	评分项: 减少机动车依赖	7	7
	评分项: 自行车网络与自行车存放	1	1
	评分项: 居住与工作地点距离	3	3
	评分项: 坡地保护	1	1
	评分项: 动植物栖息地或湿地水体保护场地设计	1	1
	评分项: 动植物栖息地或湿地水体保护恢复	1	0
	评分项: 动植物栖息地或湿地水体长期保护管理	1	1
	小计	27	21
住宅布局与设计	前提项: 步行街区		—
	前提项: 集约发展		—
	前提项: 社区关联性与开放性		—
	评分项: 步行街区	12	10
	评分项: 集约发展	6	5
	评分项: 多功能社区中心	4	3
	评分项: 多收入阶层社区	7	3
	评分项: 停车面积控制情况	1	1
	评分项: 街道网络	2	0
	评分项: 交通设施	1	1
	评分项: 交通需求管理	2	2
	评分项: 市民公共用地可达性	1	1
	评分项: 娱乐设施可达性	1	1
	评分项: 无障碍与通用设计	1	1
	评分项: 社区外延性与公众参与	2	1
	评分项: 当地粮食产量	1	0
	评分项: 道路两旁植树遮阳情况	2	0
	评分项: 社区学校	1	1
	小计	44	30

（续表）

标准		最高分	得分
绿化基础设施与建筑	前提项：获认证的绿色建筑		不适用
	前提项：建筑能耗最小化		—
	前提项：建筑用水最小化		—
	前提项：建设活动污染防治		—
	评分项：绿色建筑认证	5	不适用
	评分项：建筑能源节约率	2	2
	评分项：建筑节水率	1	1
	评分项：节水景观	1	1
	评分项：现有建筑使用情况	1	1
	评分项：历史资源保护	1	0
	评分项：场地设计建设干扰最小化	1	0
	评分项：雨水处理	4	4
	评分项：热岛效应控制情况	1	1
	评分项：朝阳性	1	0
	评分项：就地可再生能源资源	3	3
	评分项：区域供暖制冷	2	2
	评分项：基础设施能源节约率	1	1
	评分项：废水管理	2	0
	评分项：基础设施循环利用	1	1
	评分项：固体垃圾管理	1	1
	评分项：光污染控制情况	1	1
	小计	29	19
创新与设计过程	评分项：创新性及模范特性	5	3
	评分项：LEED 认证的专业人员	1	不适用
	小计	6	3
区域优先性	评分：地区优先性评分	4	不适用
	小计	4	0
项目统计(认证评估)	总分	110	73
	证书等级	铂金级（80+） 金级（60~79） 银级（50~59） 认证级（40~49）	金级
	来源：哈里森·福雷克		

注释

1. 引自 "Persson Bengt, ed., Sustainable City of Tomorrow: Bo01—Experiences of a Swedish Housing Exposition. Stockholm: Formas (Swedish Research Council for Environment, Agricultural Sciences and Spatial Planning), 2005: 9. "。

2. 同上：第 7 页。

3. 同上：第 9 页。

4. 同上。

5. 同上。

6. 同上：第 11 页。

7. 同上：第 12 页。

8. 同上：第 39 页。

9. 同上：第 42 页。

10. 同上。

11. 同上：第 14 页。

12. 引自 2007 年 3 月萨姆·克拉斯（Tham Klas）未发表的文章 "Bo01: City of Tomorrow"。

13. 同注释 1，第 51 页。

14. 同上：第 52 页。

15. 同上：第 43 页。

16. 同上：第 45 页。

17. 同上：第 53 页。

18. 引自 "Mcdonough William, Braungart Michael. Cradle to Cradle: Remaking the Way We Make Things. New York: North Point Press, 2002. "。

19. 同注释 1，第 14 页。

20. 同上：第 35 页。

21. 同上：第 39 页。

22. 同上。

3

瑞典斯德哥尔摩哈默比湖城

哈默比湖城这个环湖小镇是斯德哥尔摩自 20 世纪 60 年代起开发的最大型的房屋综合利用住宅区，至今已成为基于可持续发展目标而开发建设的世界上最大、最成功的住宅区开发典范。该住宅区由工业用地改造而成，位于山谷内，潜在的风力资源不足，而且由于斯德哥尔摩气候寒冷，该住宅区在冬天获得的光照也极为有限。那么，在可再生能源如此匮乏的情况下，该住宅区如何成为可持续发展的城市建设典范呢？其秘诀在于对废弃物的有效处理和对城市基础设施的高效设计。

图 3.1 哈默比湖城俯瞰（图片来源：斯德哥尔摩城市规划管理局，《哈默比湖城》，斯德哥尔摩：斯德哥尔摩市政府）

尽管该项目仅在一定程度上实现了节约能源的目标，但其城市基础设施设计的创新性，却为未来的低碳生活提供了新的可能。

规划流程

图 3.2 哈默比湖城的西格拉运河一景 [摄影：伦纳特·约翰逊（Lennart Johansson）]

1992 年，瑞典经济迅速发展，对新住宅区的需求日益增长，建设哈默比湖城的想法应运而生。斯德哥尔摩市政府开始构思新的城市发展规划，然而直到 1999 年，这些设想才获审批通过。在斯德哥尔摩 1999 年的城市规划方案中，有两个城市发展基本策略对哈默比湖城的建设影响深远：一是构建城市"内向发展"的策略（这是斯德哥尔摩市发展的指导思想）；二是按 1996 年《伊斯坦布尔人居宣言》确立的可持续发展目标，将城市建设与国际社会接轨[1]。

该市目前采用的规划始于 1997 年，其目标是到 2017 年，建成 11500 个住宅单元，容纳 2.6 万人居住。规划中商业用地面积有 25 万至 35 万 m^2，可容纳 3.5 万人在此工作和生活[2]。到 2012 年，已有约 8000 个住宅单元竣工。

为体现"内向发展"的策略，哈默比湖城的开发选用了环绕哈默比湖的老工业港区来建设新的住宅区。由于城市建设涉及土地征收、污染土地整治、大规模的基础设施（包括道路）扩建、公共交通系统兴建等大量工作，斯德哥尔摩市政府担任了主开发商角色。

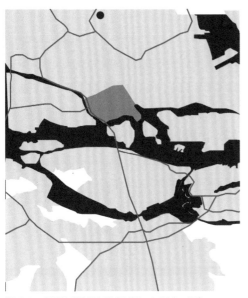

图 3.3 哈默比湖城位置（制图：杰西卡·杨）

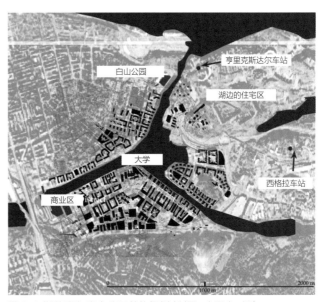

图 3.4 斯德哥尔摩市分区总体规划（制图：杰西卡·杨）

　　为建设哈默比湖城，斯德哥尔摩城市规划管理局专门成立了项目开发组，统筹其他政府机构、私人设计公司和专业设计师的工作，以推动该项目顺利进行。项目开发组全权负责哈默比湖城的城市规划、建设融资、土地无害化处理等工作，并负责区内桥梁、街道、地下管网和公园等建设。为更好地建设哈默比城，在专家顾问团队的帮助下，项目开发组制定了城市建设的总体规划，对街道、街区、公园、公共场所（包括亲水码头）进行具体设计，并对土地利用指标，环绕在哈默比湖周围的老工业港区和限高等方面做了详细规定（详见本章"城市形态"部分）。

　　1998 年，斯德哥尔摩市政府开始征收土地，拆除一处花纹钢板结构的棚户区，并在斯德哥尔摩环境卫生部的领导和监督下开始土地无害化处理和环境净化。在此期间，随着住宅区的设计方案不断完善，斯德哥尔摩市决定申办 2004 年的夏季奥林匹克运动会，并打算将哈默比湖城建成奥运村，以此打动国际奥委会。斯德哥尔摩市决定在建设哈默比湖城时采用"倍优"[3]节能方案，也就是要节能 50%。尽管斯德哥尔摩申奥未能成功，但是在后续的城市建设中，"倍优"目标得以保留，哈默比湖城成了城市可持续发展的优秀范例。

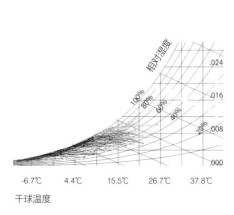

图 3.5 焓湿图显示哈默比湖城每年的日温度变化。该图表明，被动式太阳能加热系统能够有效地适应当地气候。日平均气温在 18℃ 的采暖度日数（HDD）是 7362℃·d，而日均气温在 22℃ 的空调度日数（CDD）为 7℃·d。[制图：哈里森·弗雷克，数据来源：瑞典斯德哥尔摩布罗玛，ESSB 气象站（17.95° E，59.35° N）]

为实现环保目标，哈默比湖城项目开发组特别推出了一个环保项目，并由斯德哥尔摩水务公司、富腾（Fortum）能源公司和斯德哥尔摩城市交通和废物处理部负责实施。三家机构通力合作，并受项目组监督，创造了"哈默比模式"。该模式的核心是对城市基础设施供给的综合考虑，以及各个独立的公用事业设施的整合，以此来实现整个哈默比湖城建设的生态环保目标[4]。简言之，城市公用事业公司可以充分利用各个系统中之前被浪费的能源。"哈默比模式"可以实现城市能源需求的一半由本地提供。在本书中提到的 4 个住宅区样本中，"哈默比模式"实现了能源、给水和城市废弃物处理等方面的全面综合考虑。哈默比湖城项目也成为当时变废弃物为能源的典范。

以"哈默比模式"为指导，哈默比湖城不断细化城市建设总体开发方案。开发商和建筑师们负责根据楼宇平面图进行开发，并与哈默比湖城项目开发组密切合作。项目开发组制定了分区建设的详细设计规范，以确保建设质量。设计规范包括以下几个方面[5]：

（1）区域特色。将"内向发展"的建城战略和深受自然环境影响的现代建设理念相结合。城市各个分区特色的核心是综合考虑商住需要、建筑密度、建筑形式（围绕庭院或者游乐场建设）、公共场地和亲水需求等。

（2）房屋布局、样式、结构。每个街区的设计均有具体的设计参数，包括地标建筑、公共场所和步行系统参数，以及未来创新和改进的需要。

（3）建筑风格。

（4）采用斯德哥尔摩市市内现有街区形式作为模板。

（5）突出哈默比湖城建设特色——住宅单元面积更大、高度和样式更加多样化，注重室外空间、阳台、露台及平屋顶等。

（6）建筑样式与室外空间保持和谐一致。

（7）建筑规模、布局和多样性——既保证楼间距，又更重视建筑质量和多样性。

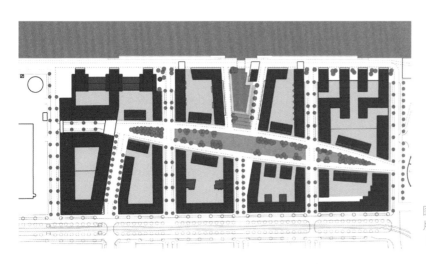

图 3.6 园艺效果图, 哈默比湖城 [图片来源: 斯德哥尔摩城市规划管理局, 《设计质量项目》]

（8）建筑类型。

（9）建筑设计原则。

（10）建筑要素。

（11）公寓标准。

（12）附加服务标准。

（13）建筑颜色与材料使用。

（14）庭院设计。

（15）公共场地、公园和街道的设计。

设计小组全程监督整个施工建设过程，并保证达到所有的设计规范和环保标准。在开发过程中，任何街区都不能由某个开发商或建筑师独自完成，同时由于严格遵循细致的设计规范，建设过程既能保证建筑形式的多样性，也能保证整个城区设计的整体一致。

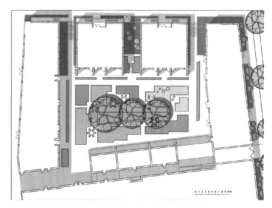

图 3.7 微型庭院平面图, 哈默比湖城（资料来源: 斯德哥尔摩城市规划管理局, 《设计质量项目》。制图: 爱丽尔·乌兹）

为强化"倍优"主题，项目开发组详细说明了项目的总体环保目标，并要求设计师和开发商遵循[6]：

（1）不得破坏本地生态系统。

（2）将资源（包括能源、水）消耗降到最低。

（3）提高当地能源产出。

（4）利用污水生产能源。

（5）选用可再生的、可循环利用的建筑材料。

（6）全面实现土地无害化处理。

图 3.8 微型庭院剖立面图, 哈默比湖城（资料来源: 斯德哥尔摩城市规划管理局, 《设计质量项目》）

（7）湖泊修复。

（8）减少交通需求。

（9）促进社区凝聚力，增强当地居民的环保意识。

（10）强调落实，以寻求各种问题的解决方案。

（11）采用不会提高全生命周期成本的各种解决方案。

（12）为其他地区的可持续发展提供理论上、经验上的帮助和技术积累。

由于环保项目的目标十分宽泛，因此项目组针对以上几个方面给出了更加具体的标准和目标。

交通系统

项目开发组对出行提出了如下具体规划目标[7]:

（1）到 2010 年，居民步行、骑行及公共交通（包括轻轨、公交车、渡船）出行比例达到 80%。

（2）到 2010 年，15% 的家庭拼车出行。

（3）到 2010 年，5% 的工作场所同意推广拼车出行。

据此，为了使哈默比湖城与斯德哥尔摩市其他地区之间的交通更加便利，斯德哥尔摩市政府投入巨资建设道路和交通基础设施。新设一条轻轨线，并在哈默比湖城主街沿线设立 4 个车站。轻轨线两端与斯德哥尔摩市地铁系统相接。所有站点选址均满足"每个住宅距离站点不超过 300 m"的原则，发车间隔为 12 min。虽然哈默比湖城街区规模不大，但宽阔的人行道、穿越所有公园的步行道和人行便道极大地方便了居民的出行。三条公交线均在住宅区内部或附近设有站点。越湖轮渡全年对开，从清晨到深夜每 15 min 一班，完全免费，把哈默比湖城与斯德哥尔摩市中心及其他现有交通线相连。

停车场主要设在居民楼地下，地上停车位数量十分有限。哈默比湖城 62% 的家庭拥有私家车，因此停车位设计为户均 0.7 个[8]，这一数据明显高于斯德哥尔摩市的户均 0.5 个。尽管哈默比湖城的户均停车位和汽车拥有率都明显高于斯德哥尔摩的平均水平，但前者每天的私家车出行率却比后者平均低了 50%，这主要是因为哈默比湖城的公共交通廉价便利。下面的研究也证实了这一点。

对哈默比湖城的交通出行报告[9]表明，截至 2008 年，52% 的居民出行选择公共交通（包括电车、公交车、轮渡），27% 的人选择步行或骑行，

21% 的人选择私家车。这说明非私家车出行率（包括步行、骑行、公共交通出行）达到 80% 的设计目标已基本实现（目前非私家车出行率是 79%）。数据证明，公共交通系统设计与城市形态的有机统一是减少私家车使用量、降低能源消耗、减少碳排放量的关键。合适的发车率、乘车成本和转乘设计，以及较小的居民区

图 3.9 哈默比湖城交通系统平面图
[制图：南希·纳姆（Nancy Nam）]

规模、宽阔的人行道、四通八达的通往各公园的连接道、穿越街区的人行便道等均是建设可持续发展社区的必备要素。然而，总体的停车规划，包括停车政策、停车费用和户均 0.7 个车位等，对实现 80% 的非私家车（步行、公共交通出行和骑行）出行率这一目标是否有重要作用还不得而知。

城市形态

项目开发组对城市形态的发展提出如下具体目标 [10]：

（1）一致的市内街道标准尺寸（住宅区街道一般为 6~18 m）、街区标准尺寸（宽 60~70 m，长 120~200 m）、建筑物标准高度（2~8 层）。

（2）开发密度和容积率满足现代化的房屋通风要求。

（3）公园和阳光。

（4）采用新式建筑规范，包括：严格的建筑厚度、阁楼退台和楼层数限制。阳台和露台宽阔、大窗、平屋顶，面向湖面建筑外立面需为白色。

哈默比湖城的城市形态采用了斯德哥尔摩市的街区和街道类型。街区

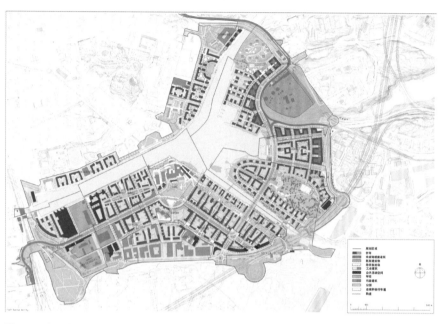

图 3.10 哈默比湖城总体平面图（资料来源: 斯德哥尔摩城市规划部,《哈默比湖城》)

图 3.11 哈默比湖城主街道平面图（制图: 南希·纳姆）

沿主街道排开，采用双向车道设计，中间是电车道，构成了城市街区的交通主干道。主街道和各种小街道构成网格街区，两边的建筑沿庭院布置。这种网格图形会随着哈默比湖湖滨线的蜿蜒曲折而发生变化。因为湖滨线的方向与指南针的方位基点成斜角，所以街道网格与传统城市建设中的东西、南北（方向）均成不规则的角度。这使很多街区吸收光照的能力受限。但与此同时，使建筑外立面和街道的光照条件更加多样化。

主干道在哈默比湖城加德区（Gård）一侧与湖滨线平行，越过广场，再沿西格拉卡区（Sickla Kaj）边缘的运河延伸，并在西格拉乌德区（Sickla Udde）跨过西格拉（Sickla）运河。主干道两旁的商业街全长 7800 m，沿途设有 4 个电车站，其中包括一个带顶棚的换乘站。过街通道上面的两层为商业设施，房屋层高共 5 层或 6 层。

街道和建筑物按城市景观和公共区域进行间隔布置。在通往湖区的区域，依次是主街道、街区、公共区域、街区，然后是湖滨。这样的布置使每个街区都有其特色，并且所有街区都被公共区域间隔开来。在平行于湖泊的区域，每个街区均被街道分隔开来，但这种间隔由于建筑物外立面的角度原因，形成了各种

图 3.12 哈默比湖城街道平面图（绘图: 南希·纳姆）

城市空间
内部庭院

水岸
街区
开放空间
街区

空间，同时由于景观和沿街停车场的不同设计更进一步形成了不同的风格。

斯德哥尔摩式的街区概念被 U 形庭院取代，建筑物都面朝湖面，可以观赏湖景。湖边的建筑物均设有观景廊，最大限度满足住户在最佳角度观赏湖景的需求。同时，不同类型的阳台和露台会有不同的观景感受，这一点在进行建筑设计时也被考虑在内。湖滨的长度使沿湖建筑的庭院均设计为半开放式。这些街区规模相对较小，长 100~120 m，宽 60~80 m（这里指的是建筑红线），进一步凸显了街区方便行人步行的特色。

行政区内的每个街区的建筑样式均有具体的设计要求，其内容极为详尽且清晰明了。对建筑物的形状、高度、宽度、退台、平面和立面设计均进行了详细规定。另外，建筑材料、颜色和门窗等细节也都做了规定，并为庭院提供全套的景观设计和细节设计。

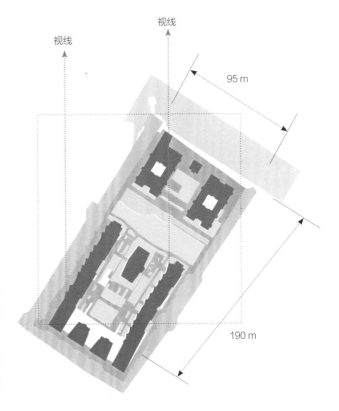

视线

视线

95 m

190 m

图 3.13 哈默比湖城街区平面图（绘图: 哈里森·弗雷克）

图 3.14 面湖的阳台效果图，哈默比湖城（摄影：伦纳特·约翰逊）

绿地空间

绿地空间系统的具体指标如下 [11]：

（1）将棕色地带建设成为一个环境整洁、资源循环利用、独具吸引力的多功能居住区，并提供公园和公共休闲空间。

（2）严格遵守每栋建筑拥有至少 15 m² 的庭院空间或 300 m 距离内拥有 25~30 m² 的庭院和公园的原则。

（3）严格保护具有特殊价值的自然区域。

（4）如绿地被占用，则必须进行立体绿化，以保证本地区的生物多样性。间隔各个街区的绿地空间风景各异，各有特色。坐落在西格拉卡区的公共空间是一个线形公园，其中每个街区的功能和景色都各不相同。一条雨水生态草沟横跨七个街区，这种独特的建筑设计将整个街区融合起来，同时还兼具重要的环保功能——收集雨水，并最终使之流经生态草沟注入湖中。在西格拉乌德区，其公共空间更像是一个风景如画的英式公园，蜿蜒的小路绕过高大的树木和起伏的山丘，景色鲜活有趣。加德区的公共空间则是一块狭长的、像马厩一样的椭圆区域，前面有小规模的房屋单元点缀。

图 3.15 哈默比湖城绿色空间平面图（制图：南希·纳姆）

绿地开放空间充分利用了临湖宽阔（大约5.8 km）的湖滨优势，为公众所用。无论是保持其自然湿地本色，还是设计为井然有序的码头，抑或是停泊或划船用的小港，都为这片水域增添了一抹亮色。沿湖的规划设计还能提供其他的便利设施，供公众慢跑、散步、骑行和开展其他娱乐休闲活动。

图 3.16 西格拉运河（摄影: 伦纳特·约翰逊）

图 3.17 哈默比湖城沿湖步道（摄影: 伦纳特·约翰逊）

能源系统

项目开发组设定的能效指标包括以下几方面[12]:

（1）通过节能措施和建设管控，总体能源消耗大约为 105 kW·h/ $(m^2 \cdot a)$ [更改了之前更有挑战性的指标 60 kW·h/ $(m^2 \cdot a)$，以满足"解决问题但不增加成本"这一要求]。

（2）总体能源消耗的指标定在 105 kW·h/ $(m^2 \cdot a)$，而瑞典当时的平均水平是 270 kW·h/ $(m^2 \cdot a)$。正如前文所述，开发组曾考虑过 60 kW·h/ $(m^2 \cdot a)$ 这一宏伟指标，但是因成本效益不高放弃了。然而，为实现 105 kW·h/ $(m^2 \cdot a)$ 这一指标，就要采用更高的密封标准和高标准的窗户 [尤其是在 U 值（热导系数）和空气过滤评级方面]，并采用更加严谨的结构以减少空气渗透。同时，还要采用更加节能的家电和照明设备。每个地区的设计规范中均整合了这些更高的标准并将其实际运用到开发过程中。项目开发组继续全程监控建设过程，以确保达到设计规范的全部要求。

2005 年，（研究人员）对能源实际消耗数据进行了采集[13]，主要包括居民电表和气表显示的电能和热能的实际消耗情况。105 kW·h/（m²·a）的能源消耗指标大致可以分为 35 kW·h/（m²·a）的电能消耗和 70 kW·h/（m²·a）的热能消耗。之前更有挑战性的指标是 60 kW·h/（m²·a），这一指标也是按照相同的比例在电能和热能之间进行分配，以便日后比较。表 3.1 展示的是上述两种不同的指标值、实际平均消耗测量值和量差。

如表 3.1 所示，测量所得实际能源消耗为 157 kW·h/（m²·a）大约比预期指标 105 kW·h/（m²·a）高出了 50%。原因可以归结为以下几个方面[14]：①为了充分欣赏湖景而使用的大玻璃窗，导致冬天热量容易流失（窗户朝向主要为北面、东面和西面，所以不能很好地利用光照）；②夏季吸热较多（东西朝向的窗户），增加了制冷成本；③并非所有的居民都选择购买节能型的家用电器和照明灯具。这个例子鲜明地反映了这样一个现实：为便于观景而设计的窗户朝向不利于能源节约。

项目开发组设定的能源供给指标包括以下几个方面[15]：

（1）50% 的能源供给靠就地取材实现。

（2）建设热循环工厂，使用当地净化后的污水用于区域供暖。

（3）建设热电厂，燃料为当地可燃废物和其他生物燃料，以提供区域所需热能和电能。

（4）采用一定数量的太阳能光伏电池和太阳能热水器，以验证和测试新科技的效果。

（5）通过废水废物生产沼气，为城市车辆提供动力。

表 3.1 能源指标 vs 测量性能

项目	指标	更有挑战性的指标	测量值均值（2005）	测量值范围（2005）
电能	35 kW·h/（m²·a）	20 kW·h/（m²·a）	46 kW·h/（m²·a）	40 ~ 51 kW·h/（m²·a）
热能	70 kW·h/（m²·a）	40 kW·h/（m²·a）	111 kW·h/（m²·a）	47 ~ 177 kW·h/（m²·a）
总和	105 kW·h/（m²·a）	60 kW·h/（m²·a）	157 kW·h/（m²·a）	87 ~ 228 kW·h/（m²·a）

在"哈默比模式"中，能源供给主要由三种方式构成。第一，可燃废物在霍格达伦热电厂被燃烧，提供热能和电能。第二，废水（污水）在舍斯塔登和亨里克斯达尔地区的污水处理厂得到处理，在污水经过处理重回海洋前，其产出的热量由哈默比火力发电站的热泵收集，进入区供暖制冷系统。第三，舍斯塔登和亨里克斯达尔地区的处理厂消化污泥并将之转化为沼气，为家庭烹饪、发电和城市公交车提供动力。

就地取材满足 50% 能源需求的目标远大，这极大地依赖于能源需求的降低。截至目前，这一目标并未实现。

上述目标未实现，另一方面是由于废物转化为能源的过程极为复杂，以及能源回收利用这一过程难以测量，有多重步骤，且实际上大多数步骤尚未被记录。然而，只要了解人均每年生产废水的平均数、人均每年

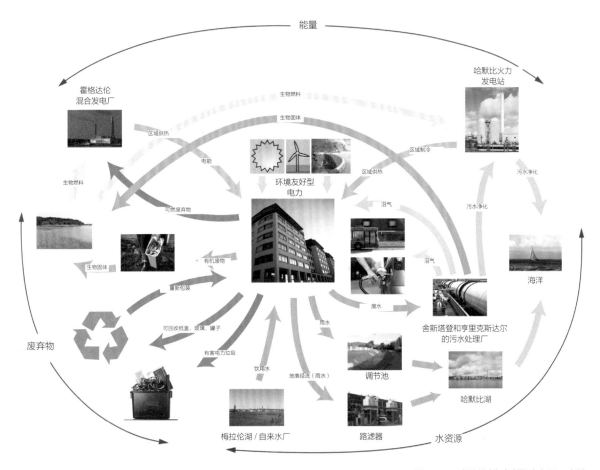

图 3.18 哈默比模式（图片来源：哈默比湖城"玻璃房子"）

生产可燃性固体垃圾的平均数，以及各种过程的理论效率和实测效率，就有可能计算出人均产生废物量及其能产生的能量。人均能量出产情况详见表 3.2[16]。

如今，人均可生产的能量，按户均居住面积 80 m²、每户平均 2.27 人折算，结果详见表 3.3。

根据废物利用可产生的总能量，可以按能量需求指标和实测数据来进行对比，详见表 3.4。

在等式中加上太阳能光伏所供电能后（约为需求的 5%），就地取材产能量（包括废物和太阳能）仅增加 1~2 个百分点。

实测数据清楚地表明，通过就地取材满足 50% 能量需求的指标尚未实现；事实上，现在只能满足 20% 的需求。然而，如果一开始就能够保持并实现 60 kW·h/（m²·a）的指标，那么这个通过就地取材满足 50% 能量需求的目标就已经实现了（实际上能够满足 54%，其中包括光伏能源）。这表明，要想通过就地取材提供更多能量，关键是要实现极具挑战性的能量节约目标。

尽管 50% 的能量需求还不能通过就地取材得到满足，就地利用废物产出的能量却相当可观。20% 的实测能源需求不是个小数目。此外，不同于风能和太阳能，其优势还在于它的来源源源不断，可以用来满足基本需求。可持续城市建设的潜在影响极具变革性。相较于填埋，城市固体垃圾可用来生产大量能量用于供暖、供电等基本负荷。

表 3.2　人均产生废物及其所产出能量

来源	热能（kW·h/a）	电能（kW·h/a）
人均每年产生废水: 54750 L	0.396	不适用
人均每年废水沼气: 4.1 m³	8.5	5.7
城市固体可燃废弃物: 450 kg	886.0	202.0
总和	894.9	207.7

图 3.19　"废物—能源"循环，哈默比湖城（资料来源：哈默比湖城"玻璃房子"：斯德哥尔摩市独特的环保工程，斯德哥尔摩市，2007）

表 3.3　废物产出能源总数

项目	产能
热能	$\dfrac{895\ kW \cdot h/a}{80\ m^2} \times 2.27 = 25.4\ kW \cdot h/(m^2 \cdot a)$
电能	$\dfrac{208\ kW \cdot h/a}{80\ m^2} \times 2.27 = 5.9\ kW \cdot h/(m^2 \cdot a)$
总和	$31.3\ kW \cdot h/(m^2 \cdot a)$

表 3.4　对比不同需求指标和测试性能的废物产出能量

项目	对比	
$\dfrac{供给（废物）}{需求指标（初始）}$	$\dfrac{31.3\ kW \cdot h/(m^2 \cdot a)}{60.0\ kW \cdot h/(m^2 \cdot a)}$	$\approx 52\%$
$\dfrac{供给（废物）}{需求指标（改进）}$	$\dfrac{31.3\ kW \cdot h/(m^2 \cdot a)}{105.0\ kW \cdot h/(m^2 \cdot a)}$	$\approx 30\%$
$\dfrac{供给（废物）}{需求指标（测试）}$	$\dfrac{31.3\ kW \cdot h/(m^2 \cdot a)}{157.0\ kW \cdot h/(m^2 \cdot a)}$	$\approx 20\%$

注释：数据表明 50% 的能源可由废物提供，前提是要实现 60 kW·h/(m²·a) 的初始指标。

图 3.20 哈默比湖城立面光伏幕墙(摄影: 伦纳特·约翰逊)

水处理系统

通过节水设备减少 50% 的需水量,并将每人每天的需水量缩减至 100 L 是水处理的首要目标 [17]。

解决用水和水处理流动模型中的浪费问题,最简单的方法是减少用水。哈默比湖城确立了减少 50% 用水量的目标,从而在可持续供水的道路上迈出了第一步。城市设计规范中要求,每个建筑师和开发团队应在所有住宅单元内安装节水马桶和其他节水装置,以此减少用水量。目前,哈默比湖城每人每天的实际用水量 [18] 为 150 L,距每人每天 100 L 用水量的目标还有 50 L 的差距。

"哈默比模式"不包括雨水收集,也没有任何系统可以用来回收雨水、处理污水以用于灌溉或饮用。用水由城市中央供水系统供应。

城市废水处理后主要用于城市植物浇灌。哈默比湖城废水由亨里克斯达尔处理厂按世界卫生组织最高标准进行处理。在排入海湾之前,提取污水中的能量和肥料。新型试验处理厂正测试新的废水处理技术。

雨水处理在生态湿地中进行,这也是一大景观特色。雨水处理的方式多种多样。来自建筑物、庭院的雨水先泄入并滞留于雨水生态沼泽河道、铺砌沟,再经水梯流入哈默比湖。街道上的雨水和雪水先排入蓄水池,再排入沉淀池。街道径流的污染物沉到沉淀池底部,随后,清澈的街道径流排入河道,整个过程持续几个小时。

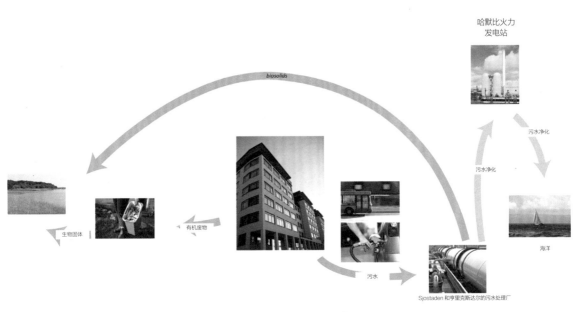

图 3.21 哈默比湖城废水处理循环示意（资料来源：哈默比湖城"玻璃房子"）

图 3.22 哈默比湖城雨水生态沼泽（摄影：　　图 3.23 哈默比湖城雨水储存（摄影：伦纳特·约翰逊）
伦纳特·约翰逊）

图 3.24 哈默比湖城雨水水梯（摄影：伦纳特·约翰逊）

垃圾处理

废弃物处理目标如下[19]：

（1）固体垃圾量减少 15%，由真空垃圾箱、密封垃圾处理车间和地区垃圾收集点组成自动垃圾收集系统，方便居民将诸如报纸、玻璃、塑料、金属等垃圾进行分类收集。

（2）收集可燃垃圾，燃烧垃圾产生供本区域使用的热能、电能。

（3）将有机废弃物垃圾制成肥料。

（4）收集有害垃圾，进行异地处理。

垃圾处理最为全面的方法即消除"垃圾"这一概念。减少垃圾的初始量是至关重要的第一步。哈默比湖城确立目标，旨在减少 15% 的固体垃圾量，并采取最全面的方法，回收利用余留垃圾。指标如下：

（1）在整理场所附近用真空系统将全部固体垃圾（如玻璃、塑料、金属、报纸）进行分类收集，进而回收使用。该系统旨在消除交通运输能耗，杜 绝垃圾车造成的污染。

（2）收集可燃垃圾，燃烧垃圾产生供本区域使用的热能、电能（见上述"能源"部分）。

（3）收集垃圾（有机垃圾），制成堆肥。

关于减少垃圾产出和垃圾处理材料的选择，指标如下：

（1）使用环保、经济的可回收材料。

（2）最多填埋 20% 的建筑垃圾。

社会议程

该项目的社会议程如下[20]：

（1）将新居民区定位为多功能使用区。

（2）过舒适生活，看迷人湖景。

（3）在自然环境中健康生活。

（4）平衡舒适生活与环境的可持续性。

（5）工作与居住相结合。

项目建设之初，斯德哥尔摩市政府认为，新居民小区的主要受众群体是从郊区搬回市里的老人们，但他们想错了。在瑞典，根据收入多少，住房财政补贴直接发给低收入和中等收入家庭[21]，因此中低收入家庭可任意在市场中找到合适住房。新居民小区方便行人、较为环保，再加上该项政策，因此从一开始就吸引了有小孩的年轻家庭。幸好市政府修改了计划，引入学校和公共设施，满足年轻家庭的需求。目前还未有详细的人口分析，但已有一份报告指出，该居民小区平均收入水平比该市平均收入水平高出约 20%[22]。

经验教训

在开发过程中，最重要的经验莫过于正确认识到，斯德哥尔摩市政府在建设创新性可持续发展的居民小区方面发挥着至关重要的作用。作为主要开发者，市政府坚持要求公共事业机构参与到能源处理、水处理、垃圾处理、污水处理和交通建设中来，

图 3.25 哈默比湖城垃圾真空回收站（摄影: 伦纳特·约翰逊）

图 3.26 哈默比湖城垃圾真空收集系统（摄影: 伦纳特·约翰逊）

各机构通力合作，提出建设居民小区基础设施的综合方法，由此形成了之前所说的"哈默比模式"。

作为主要开发者，斯德哥尔摩市政府确立了远大的节能目标，要求能源节约率高于斯德哥尔摩现有标准。这是首个减少能源需求的方法，也是追求可持续发展、减少碳排放最经济、最基本的方法之一。为实现这一目标，确保城市设计品质，形成建筑特色，市政府为每项发展任务设定了详细的设计准则。该市采用标准的审批程序，以检查各项任务是否符合设计准则。该管理水平并未抑制建筑师团队参与工作的积极性。

任何一种可持续居民小区的立意必须从交通、城市形态（包括街道、街区）和综合用途出发。公共交通若想争取多数乘客，就要创建高品质步行环境以方便乘客步行，缩短乘客与公交站点之间的距离。充分在当地提供便捷的购物环境与工作机会，居民降低外出需求。简单来讲，方便的步行环境能够减少人们对私家车的依赖。从可持续发展或减少碳排放的角度来说，"汽车就是汽车，是汽车就会污染环境"。尽管由于地势、湖泊的关系，该小区相对偏远，但电车、公交车、渡船这类公共交通系统以及步行方式和自行车出行的使用使得哈默比湖城居民即使减少使用私家车，也能满足日常需求。

建筑朝向、玻璃尺寸及玻璃朝向也严重影响能源消耗。若充分发挥美景优势与窗户的最佳节能朝向发生冲突，就要通过动态太阳能控制进行管理，并通过夜间隔热来平衡能源损耗和能源增益，这一点十分重要。在哈默比湖城，由于缺乏这种根据环境做出反应的建筑系统，实测能源消耗往往高于预期的能源需求。

一方面，由于每个街区都由不止一支建筑开发团队建成，即使设计准则的要求十分具体也并未使该地环境单调乏味。另一方面，正是因为这些准则给许多建筑开发团队足够空间，让其独立进行创造，才使城市设计各有差异，总体效果丰富多样，令人耳目一新。

将街道、街区的传统城市设计理念与现代建筑开发相结合，这一战略催生了城市设计的非凡组合。这并非新传统居民小区，也不是 20 世纪 50 年代刻板、单调的现代居民小区，而是使用了最新建筑方法和材料的、对城市开发现代化的阐释。太阳能光伏能源、热水集水器在有限范围内的无缝使用是现代建筑及现代建筑细节的附加好处之一，并被看作是该项目环境目标的自然发展产物。

建设低碳社区的想法主要基于高密度住房产出的垃圾流，这一想法认为：城市设计（包括街区和建筑形式）能够更好地捕获每个地区的特点，而不是通过完善太阳能集热器、风力机等可持续性技术来建设城市。

哈默比湖城城市模型在许多方面都堪称典范。哈默比湖这个迷人的宝库为人们营造了一种独特的归属感。社区内有图书馆、学校、医疗保健设施、休闲娱乐设施、餐馆和当地商业机构，这种综合形态为人们创建了一个完整的社区。一方面，主干道的电车很好地为居民小区提供交通服务。另一方面，为了让电车运行，城市街道不断拓宽，且为了适应街道变宽造成的心理疏离，街道两侧设有商业步行街，这样一来，商业区运作良好并能发挥更大的作用。即便因为有电车，城市街道车水马龙，但电车从街道中间穿过，将其一分为二，街道两边的商店是否能够共同发挥作用，将此地打造成成功的商业街仍有待观察。在开发过程中提出这个问题，一定程度上是因为还有商店没有修建完成，12 000 户住宅单元中只建好了约 8000 户，并且这个问题愈发严重。这是因为图书馆和一些餐馆等坐落于湖边，进一步分走了商业街所需的能源。

哈默比湖城绿地系统给当地居民的生活带来了积极影响。几乎每一个住宅单元距离公园都不到一个街区，每个公园都有自己独特的景观，每个住宅单元距离哈默比湖畔都不到三个街区，这就是绿地系统，其重要性与街道、建筑相当。绿地系统与街道及面向哈默比湖的步行道结合在一起，使得哈默比湖城的公共空间既像是一个城市，又像是一个湖泊、公园——在哈默比湖城城市化过程中，绿化率十分高，这也解释了为什么哈默比湖城对居民如此具有吸引力。

"哈默比模式"是利用居民区垃圾流产生的能源回收热量的优秀案例之一，是最接近消除"垃圾"这一概念的发展模式。将可燃性固体垃圾收集后焚烧，为该区供暖、供电。将有害垃圾收集到管子里，在场外进行处理。污水中的污泥在厌氧消解器中转化为天然气，有多种用途，如为城市公交车提供电力、为 1000 个家庭做饭提供天然气、发电等。有机垃圾可用作堆肥。处理过的污水可用来供暖，再排入海湾。一切玻璃、金属、塑料、报纸都可回收利用。只有一小部分有毒物质（比如电视机和其他电子设备）需要收集起来，小心处理。

数据显示，哈默比湖城居民区供暖、供电需求中的很大一部分（20%）可由当地废物资源供给。这是非常重要的经验，对那些需要高价填埋垃圾、处理污水的城市和居民区尤为重要，这些城市和居民区往往直接排放污水，从不回收污水中的能源。

即使没有做到用当地资源生产居民区所用能源的 50%，这也不是垃圾回收系统的性能造成的，而是因为没能减少能源需求，也就是说，分数的分母太大，导致达不到 50% 的指标。最大程度利用当地资源生产能源的秘诀在于，把能源需求减少到最经济可行的程度，这是"哈默比模式"强调的最重要的经验，也是封闭循环、居民区自给自足、只依靠当地能源资源运转的首要原则。

作为城市景观的设计特点，雨水自然处理具有潜在作用，哈默比湖城是首个展示其作用的模型之一。雨水河道和生态湿地穿过西格拉卡区，为该区三分之一的地区增添了个性与活力，使城市与大自然完美结合，生机勃勃。

"变废为宝"项目表明，整体系统的这一构想有望成为通向未来的低碳发展模式。下一步，这一构想会把有机垃圾转变为沼气而非肥料，从而获取其中的能源。

"哈默比模式"中公共交通优先，居民区用途多种多样，城市绿地、城市设计策略和湖光美景结合在一起，共同形成了一个生机勃勃的中产阶级社区，该社区的战略背景即可持续发展。政府直接向该社区的家庭提供补助，城市建设由此成效显著，每个开发阶段的住房都几乎立刻售罄，这印证了瑞典社会各阶层的社会期望。

美国绿色住区评价体系（LEED-ND）评级

使用"美国能源与环境设计领导组织—社区发展（以下简称 LEED-ND）评估系统"测评（表 3.5），诸如哈默比湖城这类的欧洲社区有些不合常规，这揭示了 LEED-ND 固有的局限性。比如，虽然哈默比湖城的建筑在设计阶段就达到了能源性能的严格标准，但还是在"绿色建筑认证"一项（该项要求有一位美国绿色建筑协会认证人员参与）得 0 分。哈默比湖城在"步行街区""街道网络""道路两旁植树遮阳情况"三项也被扣分，因为评分系统是根据美国传统的有绿树、公园的街道模型而来的，而哈默比湖城精巧地将绿地系统与街区系统合为一体。最后，LEED-ND 在"就地可再生能源资源""区域供暖制冷"和"基础设施能源节约率"三项的最高分总共给出 6 分——只占总分（110 分）的 5%。在"绿色建筑认证""建筑能源节约率"两项，其最高分总共只给了 7 分，只占总分的 6%。在整个系统设计理念中，这些评分项都是重要的项目，至少减少 50% 的二氧化碳排放（不包括车辆运输的二氧化碳排放），但哈默比湖城在这些方面的总得分只占总分的 11%，实在太低。虽然哈默比湖城的评级为金级，看似得分高，但实际上只有 20% 的能源来自就地可再生能源。这表明，LEED-ND 评级的权重应当加以修改。

表 3.5　哈默比湖城LEED-ND评估

	标准	最高分	得分
选址与对外联系	前提项: 明智的选址		—
	前提项: 濒危物种、生物群落		—
	前提项: 湿地、水体保护		—
	前提项: 农业用地保护		—
	前提项: 河漫滩防洪		—
	评分项: 优选地点	10	5
	评分项: 棕地重新开发	2	2
	评分项: 减少机动车依赖	7	7
	评分项: 自行车网络与自行车存放	1	1
	评分项: 居住与工作地点距离	3	3
	评分项: 坡地保护	1	1
	评分项: 动植物栖息地或湿地水体保护场地设计	1	1
	评分项: 动植物栖息地或湿地水体保护恢复	1	1
	评分项: 动植物栖息地或湿地水体长期保护管理	1	1
	小计	27	22
住宅布局与设计	前提项: 步行街区		—
	前提项: 集约发展		—
	前提项: 社区关联性与开放性		—
	评分项: 步行街区	12	10
	评分项: 集约发展	6	5
	评分项: 多功能社区中心	4	4
	评分项: 多收入阶层社区	7	3
	评分项: 停车面积控制情况	1	1
	评分项: 街道网络	2	0
	评分项: 交通设施	1	1
	评分项: 交通需求管理	2	2
	评分项: 市民公共用地可达性	1	1
	评分项: 娱乐设施路径可达性	1	1
	评分项: 无障碍与通用设计	1	1
	评分项: 社区外延性与公众参与	2	1
	评分项: 当地粮食产量	1	0
	评分项: 道路两旁植树遮阳情况	2	1
	评分项: 社区学校	1	1
	小计	44	32

（续表）

	标准	最高分	得分
绿色基础设施及绿色建筑	前提项: 绿色建筑认证		不适用
	前提项: 建筑能耗最小化		—
	前提项: 建筑用水最小化		—
	前提项: 建设活动污染防治		—
	评分项: 绿色建筑认证	5	不适用
	评分项: 建筑能源节约率	2	2
	评分项: 建筑节水率	1	1
	评分项: 节水景观	1	1
	评分项: 现有建筑使用情况	1	1
	评分项: 历史资源保护	1	0
	评分项: 场地设计建设干扰最小化	1	0
	评分项: 雨水处理	4	4
	评分项: 热岛效应控制情况	1	1
	评分项: 朝阳性	1	0
	评分项: 就地可再生能源资源	3	3
	评分项: 区域供暖制冷	2	2
	评分项: 基础设施能源节约率	1	1
	评分项: 废水管理	2	2
	评分项: 基础设施循环利用	1	1
	评分项: 固体垃圾管理	1	1
	评分项: 光污染控制情况	1	1
	小计	29	21
创新与设计过程	评分项: 创新性及模范特性	5	3
	评分项: LEED 认证的专业人员	1	不适用
	小计	6	3
区域优先性	评估: 区域优先性	4	不适用
	小计	4	0
项目统计（认证评估）	总分	110	78
	评估等级	铂金级（80+） 金级（60-79） 银级（50-59） 认证级（40-49）	金级

来源: 哈里森·弗雷克

注释

1. 引自 "Poldermans Cas, 'Sustainable Urban Development: The Case of Hammarby Sjöstad.' Stockholm: Stockholm University, Department of Human Geography, 2006: 11, http://www.hammarbysjostad.se/miljo/pdf/CasPoldermans.pdf."。

2. 引自 "Stockholm City Planning Administration, 'Hammarby Sjöstad'. Stockholm: City of Stockholm, 2007: 1."。

3. 同注释 1，第 16 页。

4. 同上：第 18 页。

5. 引自 "Stockholm City Planning Administration, 'Neighborhood Planning Quality Guidelines'. Stockholm: City of Stockholm, 2005: 1."。

6. 引自斯德哥尔摩城市规划管理局 (Stockholm City Planning Administration)，"Hammarby Sjöstad" 第 3 页。

7. 引自 "GlashusEtt, Hammarby Sjöstad: A Unique Environmental Project in Stockholm, Stockholm: City of Stockholm, 2007: 11."。

8. 同注释 1，第 25 页。

9. 引自 "Fannon David, Hammarby Sjöstad: Report for Arch 209, Berkeley: University of California, College of Environmental Design, November 2009."。

10. 同注释 7，第 8 页。

11. 同上：第 10 页。

12. 同注释 1，第 23 页。

13. 同注释 9。

14. 同注释 1，第 24 页。

15. 同注释 7，第 17 页。

16. 同注释 9。

17. 同注释 7，第 21 页。

18. 同上：第 18 页。

19. 同上：第 27 页。

20. 同上：第 19 页。

21. 引自 "Future Communities, 'Hammarby Sjöstad, Stockholm, Sweden, 1995 to 2015: Building a 'Green' City Extension,' http://www.futurecommunities. net/case-studies/hammarby-sjostad-stockholm-sweden-1995-2015."（访问时间 2012-12-12)。

22. 同上。

4

德国汉诺威市康斯伯格区

汉诺威市政府于 20 世纪 90 年代开发了康斯伯格新区。一为解决住房短缺问题，二为打造出一个高瞻远瞩的城市规划和建造实例，为 2000 年汉诺威世博会献礼。为配合世博会的主题——人类、自然、科技，同时契合《21 世纪议程》*的主旨，市政府致力于在该区的建设及居住使用过程中，坚持不懈地、全面地采用生态优化实用知识。¹

---

* 译者注：《21 世纪议程》是 1992 年 6 月 3 日至 14 日在巴西里约热内卢召开的联合国环境与发展大会通过的重要文件之一，是"世界范围内可持续发展行动计划"。包括四项主要内容：①可持续发展总体战略；②社会可持续发展；③经济可持续发展；④资源的合理利用与环境保护。

图 4.1　从西南方俯瞰康斯伯格区［图片来源：卡尔·约翰蒂斯（Karl Johaentges）］

　　项目规划时预计在首期，即截止到 2000 年世博会时，建成 3000 套寓所。最终将建造 6000 套寓所，为 12 000～15 000 名收入各异、背景不同的市民提供温暖的家。该社区的施工预计可创造 2000 个就业机会。因目标远大，质量标准高，且时间进度紧张，汉诺威市政府推出了一套独出心裁的规划程序，保证规划措施的每个步骤都采用严格的质量标准。市政府量身定制的规划程序是非常成功的：不但创造了一个具有高生活品质的社区，而且基本实现了预期的可持续发展目标。

　　在 2000 年世博会之后十几年的今天，汉诺威市的规划程序、手段仍是快速建成真正可测量的低碳社区的诀窍所在，是一套完全可复制到其他开发项目的新型城市规划模式。

图 4.2　康斯伯格区东部边界的步行与自行车道（摄影：卡尔·约翰蒂斯）

规划流程

　　1974 年地方政府重新划分区域时，将康斯伯格区的设计规划权划归给了汉诺威市，给该市城边带来一片约 140 hm² 的可建设用地。1990 年，汉诺威市为 2000 年世博会献礼的决定成为该地区的发展契机。因规划权主要在汉诺威市手上，当地主管部门当仁不让地牵头主导了整个规划流程。

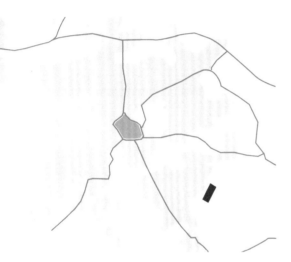

图 4.3　康斯伯格区区位（制图：杰西卡·杨）

图 4.4　康斯伯格区城市肌理（制图：杰西卡·杨）

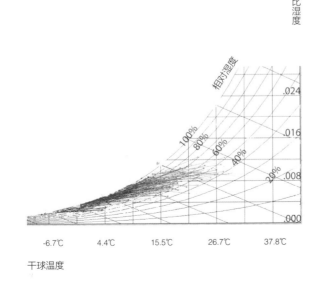

图 4.5　康斯伯格区每年日温度变化范围焓湿图。图中显示被动式太阳能是一种有效的适应气候的设计方法。18℃的采暖度日数为 5717℃·d；22℃的空调度日数为 91℃·d［制图：哈里森·弗雷克，数据来源：德国汉诺威 EDDV 气候站（9.68°E，52.47°N）］

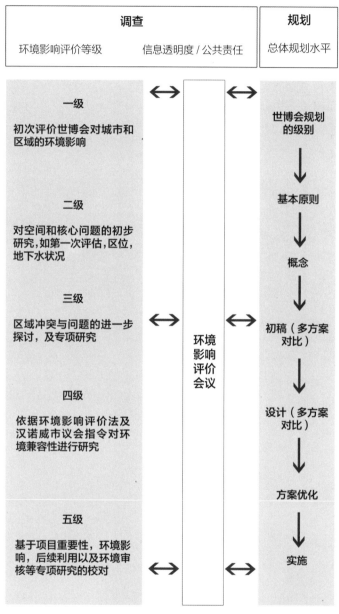

调查		规划
环境影响评价等级	信息透明度 / 公共责任	总体规划水平

一级

初次评价世博会对城市和区域的环境影响

二级

对空间和核心问题的初步研究，如第一次评估，区位，地下水状况

三级

区域冲突与问题的进一步探讨，及专项研究

四级

依据环境影响评价法及汉诺威市议会指令对环境兼容性进行研究

五级

基于项目重要性，环境影响，后续利用以及环境审核等专项研究的校对

环境影响评价会议

世博会规划的级别
↓
基本原则
↓
概念
↓
初稿（多方案对比）
↓
设计（多方案对比）
↓
方案优化
↓
实施

图 4.6 基于过程的环境影响评价 [图片来源：卡林·隆明（Karin Rumming），《汉诺威康斯伯格手册》。重新制图：爱丽尔·乌兹]

康斯伯格区遵循了区域规划原则——住区应沿当地公交、地铁线路而建，并在车站附近集中设置学校、医院等。该规划要求沿居住带平行建设商业带。

由于临近 2000 年世博会，汉诺威市政府当机立断，简化了常规流程，一套新颖别致、以协作为主的规划流程应运而生——多项流程同时进行，市政府各部门空前地通力合作、共同奋斗。

康斯伯格区规划开发的核心流程是有条不紊地呈线性展开的。早在 20 世纪 50 年代至 80 年代，康斯伯格区就已经开始起草制定众多规划方案。1992 年，还举办了一次城市景观规划设计赛。直到 1994 年，区域规划乃至最终的开发规划方案才整合出台，出色融和了获胜方案的设计理念、缜密的城市设计和建筑设计，以及后续的景观研究。

康斯伯格区的规划设计遵从了两大原则：一是汉诺威市 1992 年的市政计划，即比 1990 年二氧化碳排放量低 25%；二是《21 世纪议程》的主旨（理想中的开发：促进经济增长，同时提高生活品质，保护环境）。为实现这些目标，市政府接受了 2000 年汉诺威世博会有限公司的经济援助，大刀阔斧地从以下三方面来达到目标[2]：

（1）生态最优化。

（2）花园城市。

（3）作为社会休养生息场所的城市。

康斯伯格区规划的目标是打造一个资源消耗最小化、居住生活质量最优化的社区，力求建设一个满足居民实际需求的实用性社区，一个能制定并应用新生态、新社会模式和新经济标准，成为未来建设项目标杆和典范的社区。

其核心进程的每一步的成功都要归功于以下各机构的通力合作：

（1）环境评估组（EIA）——由城市顾问组织，由环境影响专家不间断地提供对环境潜在影响的评估，并举行公开的环评听证会。

（2）康斯伯格区咨询委员会——由规划专家及建筑设计师组成，确保规划设计概念的高质量完成。

（3）一名规划协调专员——受命作为规划倡导员，协调市民参与。

（4）康斯伯格区环境联络处（KUKA）——服务于全过程，同时开办培训活动、专题研讨会，制作指导手册，发行规划、设计及施工方面的专业出版物及公共读物，向公众提供信息[3]。

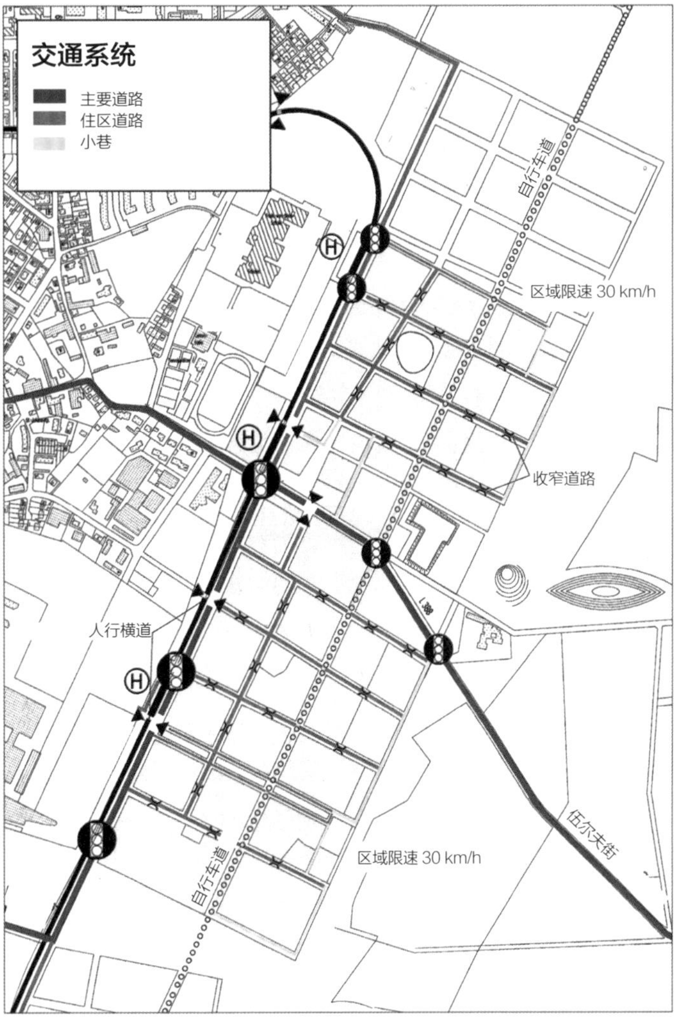

隶属于该市环境服务局的专家规划小组专门负责康斯伯格区的生态优化，并为民宅、商业建筑及开放空间的绿化定制了"康斯伯格标准"[4]。

"康斯伯格标准"被明文写入土地出让合同、规划文件和规章制度里。其中涉及环境建设和自然生态系统保护相结合的环保能源系统，主要体现在以下方面：能源效率优化、水管理、垃圾管理、土地管理、环境交流及普及教育。在此框架内，城市公共事业公司（Stadtwerke Hannover AG）、市规划局长和市环境局长组成方案小组，携手开发能源概念。市政府委托当地一家顾问公司系统分析能源供应和缩减能源需求方面的各种方案。最佳方案的标准包括对气候的影响（二氧化碳减排）和其经济可行性。最终出台的"康斯伯格能源概念"[5]与市政府 1992 年

交通系统

- 主要道路
- 住区道路
- 小巷

自行车道

区域限速 30 km/h

收窄道路

人行横道

伍尔夫街

区域限速 30 km/h

自行车道

图 4.7　康斯伯格区交通概念规划（图片来源：卡林·隆明，《汉诺威康斯伯格手册》）

的能源政策目标一致，即：① 把能源效率列为第一目标；② 通过热电联产系统，高效利用初级能源；③ 增加可再生能源供应的比重。由此产生了低能耗房屋标准（LEH 标准）[6]，利用分散式热电厂、电力储蓄计划和创新性可再生能源系统进行区域统一供暖。

在康斯伯格区的规划、设计和施工过程中，市政府有的放矢地制定了一系列规划措施。为确保社区多样性，汉诺威市和下萨克森州增加了康斯伯格区的住房建筑补贴。第一阶段建成的 3000 户中有 2700 户接受了某种形式的政府补贴，使各种经济背景的居民都能负担得起房屋租金。之后，市政府在开发商的土地买卖合同条款中明文规定了生态标准。这些规范化的低能耗建筑，为符合康斯伯格低能耗房屋标准（LEH 标准），使用了康斯伯格计算方法[7]，与城市污水管网系统相连，其建筑材料经过了严格验收，并且实施土壤管理和植树条例。LEH 标准还在很多细节方面对低能耗建筑做出了定义[8]，尤其明文规定了墙体、屋顶和窗户的保温 U 值，以及空气渗透率、通风率、供暖技术性能和避免热桥与空气渗透的施工细节。所有承建商在领取建筑许可证之前都要先经过康斯伯格计算方法的验证。康斯伯格区环境联络处为所有开发商和规划人员开办了 LEH 标准的培训课程，并印制说明手册。环境联络处还为所有居民提供关于可持续和节能生活的培训及学习材料。

最后，市政府设立了质量把关署（QAP）[9]。2000 年汉诺威世博会有限公司和欧盟为该项目提供资金，用于补贴质量监测和节能技术的额外开销。QAP 规定了房地产开发商的责任，内容如下：

（1）需提供供热指数证明。

（2）气密性要求（每小时换气量约 50%）。

（3）提交指定规划文件。

（4）验收及审核。

贯彻执行这一项目的任务责无旁贷地落到 2000 年世博会环境规划小组身上。小组挑选了 7 个独立的工程公司成立了质量把关工作小组，在以下几个方面制定了导则：

（1）验收方法。

（2）计算方法的细则。

（3）建筑施工细节的评估。

同时也纳入了以下指标：

（1）保证达到 LEH 标准。

（2）将热桥效应最小化，使用气密结构，避免热量流失。

（3）保证居住舒适性。

（4）设计时，制定具体办法为住户及产权者保证施工质量。

施工时，QAP 标准的 5 个具体策略如下：

（1）检查能量指数是否达标。

（2）检查规划细节。

（3）检查现场工作文件。

（4）确保气密性达标（鼓风机门试验）。

（5）认证。

只有经 QAP 认证的房子才可上市销售。这一要求最初遭到了建筑公司的阻挠。但在施工早期，建筑公司通过与验收人员深入探讨，使问题迎刃而解。康斯伯格区环境联络处随时主办现场见面会，让所有与会者对可能出现的各种问题进行及时讨论，并找外部调解人调解，有的放矢地修订解决方案。康斯伯格区对规划过程的重视及其特殊规划措施，带来了显著收益。

交通系统

康斯伯格区致力于提供高效环保的交通系统，降低私家车的使用率，使步行、自行车、有轨电车、公交车和私人汽车使用率基本平衡。尽管没有明文规定，但这一目标使私家车的日常使用率降到仅 20%。它符合欧洲传统的步行和自行车优先的交通导向系统。大家将这些都归功于上天的恩赐。

市政府独创出一整套策略，努力平衡各种交通方式，创建环保的交通系统。新建的电车轨道使康斯伯格区到汉诺威市中心的车程缩短至 20 min，是该区的交通枢纽。车次间隔 8 ~ 12 min，街区内共 5 个车站，站点相隔 300 m，使居民离最近站点不超过 400 m。施工第一阶段共建三个车站，分别位于社区西边的两端和中间。配合电车线建设东西向的公交线路，并在社区主广场设置站点。街区相对较小（75 m^2），林荫道为行人遮阴挡阳，方便舒适。

该街道系统在每个街区的中心都设有减少交通流量的设施，街道上还设有停车场，以促进交通稳静化。地面和地下停车位是按 0.8 辆 / 户的停车率设置的。此外，除居中的一条自行车小径之外，无其他南北贯通的街道。

图 4.8 康斯伯格区私家车停车规划（图片来源: 卡林·隆明,《汉诺威康斯伯格手册》）

图 4.9 康斯伯格区总体发展规划（图片来源: 卡林·隆明,《汉诺威康斯伯格手册》）

种种规定使步行和骑自行车成为该区的最佳出行模式。

由于尚无关于全面调查居民出行方式的报道，所以无从知道是否实现了平衡使用步行、自行车、公交车和私家车这一目标。尽管如此，坊间观察及徒步旅行均表明以上策略有效地遏制了私家车的使用。偶尔也会有车水马龙的现象，居民经常乘坐电车及公交车进进出出。这证明交通稳静化的规定、无南北贯通街道、步行和自行车出行便利是该区成功之本。基于以上观察，汽车使用率降低 20%~25% 的目标基本实现。

城市形态

1993 年的康斯伯格区城市建设竞赛，缔造了康斯伯格区的市貌。获奖方案规划了简单的路网和街块，其间穿插停车场及开放空间。这一概念为地块混合开发提供了灵活性，并演变为以下的设计理念。

该区分为南北两个区，沿康斯伯格山西坡，由北向南伸展。形成这种几何形态的部分原因是要同新铺设的电车轨道整合，使电车轨道连接汉诺威市和 2000 年世博会场地。另一个从规划起初就形成的重要理念是建立清晰的外边界，所以首期的地块是长方形的，约长 1500 m，宽 500 m。

该项目要求紧凑、混合使用且高密度开发，最终要为 12 000 到 15 000 人提供约 6000 套住所。第一阶段即为 6000 人提供了 3000 套住所，配备商业和公共服务设施，并在项目附近提供了 2000 个工作岗位。

多功能型住宅商业带沿整条电车轨道一侧而建，大路东侧设置路边停车位，将人行道与有轨电车

图 4.10　康斯伯格区公共空间规划（图片来源：卡林·隆明，《汉诺威康斯伯格手册》 制图：爱丽尔·乌兹重新）

公共空间

① 区域广场
② 北部邻里公园
③ 邻里中心公园
— 自行车道

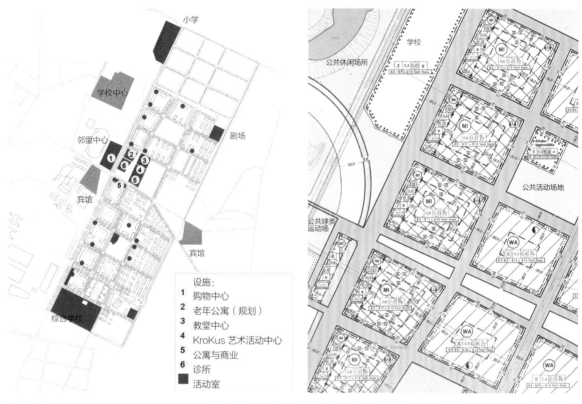

图 4.11 康斯伯格区基础设施规划（图片来源: 卡林·隆明，《汉诺威康斯伯格手册》，制图: 爱丽尔·乌兹重新）

图 4.12 康斯伯格区用于制定发展原则的街区规划（图片来源: 卡林·隆明，《汉诺威康斯伯格手册》）

道分离开。区广场坐落于中央，正对电车站。广场周围布置购物中心和各种社会公共设施：社区艺术中心、保健中心、基督教堂、青年俱乐部和社会服务处。

社区运用街道网格分割出 75 m×75 m、1.2~1.8 hm² 的多个地块，形成一个个街区。这将公共用地（道路使用权）限制在区域面积的 19%。区块的网格式布局、街道等级和开放空间的规划，在统一的框架下，涵盖各类建筑语汇和新建筑材料规定。设计大赛时，共有 40 多家建筑景观设计事务所提交了设计方案，有些脱颖而出。该区规划的核心目的是建立真正多样又和谐统一的空间体验。

在东侧，分区规划结构与乡村相协调，遵循降低建筑密度与建筑高度的原则。近交通主干道的地段建设得相对紧凑，建筑多为 4~5 层，密度控制在 200 户 /hm²。越往山上走，楼间距越大，先是 3 层楼和有亭台式屋顶的房屋，再过渡成双层联排住宅，密度仅为 18 户 /hm²。此外，分区规划上还明文规定了靠近街道一侧的建筑控制线，硬性规定每个街区的终止点，且每个街区的拐角上都必须用某种建筑物来界定边界。

绿地空间

为契合花园城市的理念，实现绿地空间规划总体目标，该项目全面运用生态手段，堪称先锋典范。绿色空间的总体规划目标为：① 向生态保护型农业转型；② 促进物种多样性；③ 保护动植物栖息地；④ 通过改善景观的自然品质，让当地休闲娱乐设施增值[10]。总之，致力于利用环境，同时又改善环境质量，创造生态平衡，让康斯伯格区的乡村环境因城市而受益。由此，根据下萨克森州的自然保护法，汉诺威市政府立法植树，并给予补贴。

开放空间系统

■ 森林
　乡村
■ 公共绿地
■ 雨水收集区域
　体育场地
　已建区内部庭院
　基础设施
••• 行道树

图 4.13　康斯伯格区开放空间系统规划（图片来源: 卡林·隆明，《汉诺威康斯伯格手册》，重新制图: 爱丽尔·乌兹）

南北两个社区都是围绕着公园而建，但又各有千秋。每个区块里都有公共庭院，各个别出心裁、独具匠心。东边绵延伸展的林荫小径，令城乡泾渭分明。五条横向绿色长廊更是将街道和街区网络划分得井然有序，一路将住宅区与小山山脊、森林公园连接到一起，并各自延伸到乡村中去。乍一看，这些绿色长廊分割了整个区域；再一看，又恰恰是它们整合了整

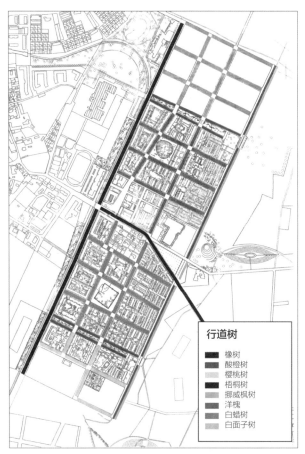

图 4.14 康斯伯格区行道树分布
（图片来源：卡林·隆明，《汉诺威康斯伯格手册》）

个社区。长廊既是别致的景观，又是开放式雨水处理系统的组成部分，同时还创造了区别于周围乡村的市貌。小径和山顶森林公园与横向的绿带相交处也别有一景：施工期间挖出的工程土堆放在这些公园、绿带交界处，成为景观小山，让居民尽享俯瞰城乡的乐趣。各社区不但由绿色长廊界定，更由不同的树种来界定：北部洋槐，南部白蜡树，酸橙树和挪威枫树镶嵌在东部小径上，横向绿色长廊上一路种的是酸橙树，橡树傲然挺立在西侧商业街。通过这些综合设计攻略（公园、小径、长廊、山顶林地、景观小山和行道树），城市景观在缔造市貌及美化城市中发挥了重要作用。

图 4.15 康斯伯格区的乡村景象（摄影：卡尔·约翰蒂斯）

图 4.16 康斯伯格区景观小山（摄影：卡尔·约翰蒂斯）

能源系统

康斯伯格区的能源方案是由一个城市指导小组量身定制并组织完成的。这个能源目标是将二氧化碳排放量减少六成[11]，与国家建设标准相比，前期无须额外支出。为达到这一目标，他们采用了以下两种方式：①能源节约优先；②采用热电联产系统。市议会希望借此进一步降低 20% 的二氧化碳排放量，这 20% 的节能目标要靠使用可再生能源（主要是风能）来实现。

在能源效率优先的前提下，市政府制定了康斯伯格区低能耗房屋（LEH）标准[12]。所有建筑物都必须采用此节能标准，目标是减少 17% 的二氧化碳排放量，地方政府会补贴以帮助实现这一目标。所有开发商和客户进行土地买卖时必须遵守以下措施标准：

（1）采暖能耗目标值为 50 kW·h/（m^2·a）。

（2）最高上浮不可高于 10%（极限值）。

（3）采暖能耗指标计算方法为康斯伯格计算法。

（4）要接受资深工程师的监督。

如超过规定限值，开发商和客户将面临每平方米 5 欧元的罚款。由此，所用材料的隔热性、气密性和通风采暖系统有更高的规定标准。之前提到的质量把关署（QAP）负责贯彻执行这些标准。鼓励安装高效照明设备和电器，通过改善电能效率达到二氧化碳排放量降低 13% 的目标。

强制性建设符合 LEH 标准的低能耗建筑实现了减排目标。LEH 标准明文规定如何处理热传导损失、空气渗透和加热技术等，质量把关署（QAP）督导全程。政府发放同供暖效率挂钩的津贴补助，以降低用电量。补贴方式包括发放免费的高效节能灯泡，以及为节能电器提供部分补助。康斯伯格区环境联络处（KUKA）为居民提供教育手册和培训课程，宣传节能的益处、方式及途径，以此积极推广政府的津贴项目。

在实现 50~55 kW·h/（m^2·a）的采暖能耗指标方面，质量把关署起了决定性的作用。该署报告的测量数据表明：特定建筑材料的气密性和隔热性基本达到甚至超过了该标准。这意味着 2001 年抽样测得的 56 kW·h/（m^2·a）的采暖能耗统计数据[13]基本上达到了预期目标。聚焦优化能源效率的战略成绩卓然。

而电能消耗减少30%的指标［从 $32\,kW\cdot h/(m^2\cdot a)$ 降低到 $22\,kW\cdot h/(m^2\cdot a)$ ］尚未实现，只减少了5%~6%[14]，即降到 $30\,kW\cdot h/(m^2\cdot a)$ 。未能达到预期目标的原因是：只有少数住户参与了康斯伯格区环境联络处推广的节电计划。一旦更多的人淘汰旧电器，购买高能效的新电器，节能潜力将会是持久而巨大的。

生活热水的能耗成功达到 $15\,kW\cdot h/(m^2\cdot a)$ 的指标[15]，但社区统一供热系统的能耗目标尚未实现。总能耗 $125\,kW\cdot h/(m^2\cdot a)$ ，比目标值 $105\,kW\cdot h/(m^2\cdot a)$ 超出12%~18%，主要是因为热电联产方式损耗大，以及电力消耗超出预期。

减排采取的主要措施是在热电厂中，利用一种能源同时制造出电能及热水。该发电厂燃烧单一能源（如天然气）产生蒸汽，驱动发电机。而废气转化成热能以热水的形式在建筑中循环，为市民供暖和提供热水。热电联产系统的目标是二氧化碳排放量降低23%。利用风能有望再降低20%，用其他可再生能源系统有望再降低5%~15%的排放量。关于二氧化碳减排的总目标，请参看图4.17。

图 4.17　康斯伯格区二氧化碳减排量（图片来源：卡林·隆明，《汉诺威康斯伯格手册》）

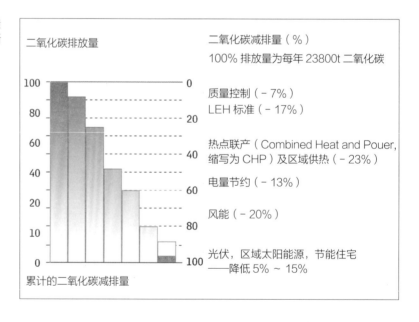

图 4.18 康斯伯格区区域供暖规划（来源：卡林·隆明，《汉诺威康斯伯格手册》）

图 4.19　康斯伯格区的风力涡轮（摄影：卡尔·约翰蒂斯）

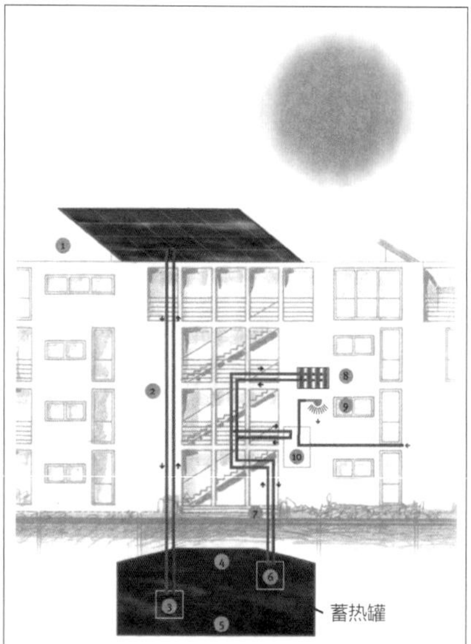

图 4.20　康斯伯格区季节性蓄热太阳能采暖示意（图片来源：卡林·隆明，《汉诺威康斯伯格手册》）

如何工作：
① 太阳能集热器
② 热循环
③ 换热器
④ 水温 90℃
⑤ 水温 40℃
⑥ 热交换
⑦ 住宅热水循环
⑧ 散热器
⑨ 热水供应
⑩ 换热器

蓄热罐

康斯伯格区能源供应系统由两个分散的热电厂组成。热电厂将初级能源（天然气）高效转换为终端客户可使用的电能和热水。捕获废气的潜在热能使两个热电联产电厂的总效率大增，达到 94% 以上。南北两个热电厂分别为 4/5 和 1/5 的居民供应能源。

南区热电厂使用 1650 kW 热容量和 1250 kW 电容量的天然气动力发电机，提供生活热水和基本供暖。供热高峰时还同时运行两部 5000 kW 的燃气锅炉。两个燃气锅炉和发电机的总供热能力达到 11.7 MW。

南部电厂的基本负荷由两台燃气发电机供应，分别为 440 kW 热容量和 220 kW 电容量。供热高峰时，两台 1650 kW 的燃气锅炉同时开足马力。锅炉和发电机的总供热量为 3740 kW。

两个电厂供应的热能通过热水管道输送到各建筑物中去。热水的输出温度为 75~90℃，回流温度为 40℃。热水在每个建筑物的中转站通过热转换器，被送到千家万户作为供暖及家用热水。

康斯伯格区主要靠风力供电。他们为已有的小型风力发电机（280 kW）添加了两个涡轮机，生产的电力分别为 1.5 MW 和 1.8 MW。此外，在小学、社区艺术中心、购物中心和南部电厂屋顶安装了 4 部光伏装置，成功将太阳能转换为电能，共计 45 kW。风能和太阳能合计 3.6 MW 的电力供应，占全区总供电量 5 MW 的 72%。

康斯伯格区还大胆尝试了三种创新系统：太阳能季节性存储系统、微气候环境过滤系统和被动式节能房屋。

太阳能季节性存储系统，利用 1350 m² 的平板太阳能热水器，为太阳城中 104 套公寓提供能源。夏季收集到的太阳能被转化为热能并存储到 2750 m² 的蓄水池中，提供季节性存储。该系统提供的能源在复杂的供热需求中约占四成。

微气候环境过滤系统包括一个"微气候区"，即一个位于两排住宅街区之间的共享中庭，用于环境缓冲及过滤。中庭屋顶上的移动反射板在夏季时反射阳光，冬季时允许阳光透入，使微气候区变暖。厚实的墙体可以吸收 75% 的太阳能，储存热量，继而均匀地释放。

图 4.21　康斯伯格区季节性蓄热太阳能供暖社区（摄影：卡尔·约翰蒂斯）

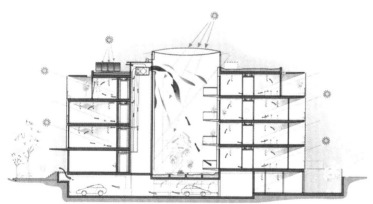

图 4.22　康斯伯格区微气候区断面示意（图片来源：Inge Schottkowskibahre, ed., Modell Kronsberg: Sustainable Building for the Future, Leipzig: Jut te Druck, 2000）

微气候区起到环境缓冲的作用，减少单位面积热量损失达 20%。冬季时又是机械通风预热器。除了具备能源功能，微气候区还为居民营造了一处宽敞明亮的公共绿色空间。

　　康斯伯格区的八排联排住宅是按照被动式节能房屋标准 15 kW·h/（m² · a）建造的。这种房屋的热量损耗非常低，透过南向窗户的直接太阳能和内部热源就满足了绝大部分的供热需求。热能损耗的减少，通过使用 30~40 cm 厚、导热系数低于 0.15 W/（m² · K）的绝缘材料实现。窗

图 4.23 康斯伯格区微气候区内部空间（摄影：卡尔·约翰蒂斯）

图 4.24 康斯伯格区微气候区东侧入口（摄影：卡尔·约翰蒂斯）

图 4.25 康斯伯格区节能住宅示意图（图片来源：卡林·隆明，《汉诺威康斯伯格手册》）

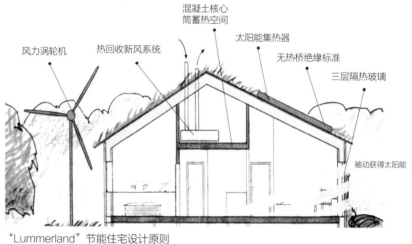

"Lummerland" 节能住宅设计原则

户使用三层玻璃和隔热窗框，每小时的空气渗透率降低了一半，还在通风设备中加入了热回收新风系统（室内污浊空气在排出之前，先吸收空气中储藏的热量，再释放给进入室内的新鲜空气）。寒冬季节，这种被动节能房屋只需要区供热系统提供很少的热量，仅为 $15\,kW \cdot h/(m^2 \cdot a)$，是传统房屋的 1/7、LEH 低能耗房屋的 1/4。

2001 年的测量数据表明，二氧化碳排放减少了 46%，距离减排 60% 的目标还差 14%[16]。如前所述，电力消耗高于预测和热电联产能源输送中的损耗是目标未达成的主要原因。如将零排放的风力发电和太阳能光伏发电都计算在内的话，碳减排量达 71%，逼近 80% 的减排目标。尽

管目标尚未达到，但成效
已非常显著。

　　这一成效可以用每
人每年的二氧化碳排放量
来衡量。从建筑性能来
看，平均二氧化碳排放
量约为每年 1.05 t。综合
交通运输中二氧化碳的减
排情况，足以证明减排大
大得益于该区的城市设计
策略。依据汉诺威市统计
的交通运输数据，以及康
斯伯格区的步行友好和公

图 4.26　康斯伯格区的节能住宅（摄
影：卡尔·约翰蒂斯）

交导向设计，推断出行方式比例为私家车 48%、公交 29%、步行 8% 和
其他形式（如自行车等）15%。同时，按照每天人均出行距离 13.3 km
及欧盟平均二氧化碳排放量标准计算，每年开私家车出行的人均二氧化碳
排放量约为 0.99 t。这样，建筑和交通所产生的人均二氧化碳排放量合计
约 2.04 t。如果康斯伯格区的交通方式构成比例低于汉诺威市的平均值，
接近所观察到的 25% 的私家车使用率，那么康斯伯格区的二氧化碳排放
量将接近每人 1.5 t。

图 4.27　康斯伯格区的"洼地—沟渠"
雨水渗滤系统剖面图 1（图片来源：卡
林·隆明，《汉诺威康斯伯格手册》，
重新制图：爱丽尔·乌兹）

水处理系统

　　康斯伯格区水系统的目标定在三方面：① 采用分
散式、半自然雨水排放管理系统，尽量保持原始自然的
排水方式；② 通过节水装置，尽量经济用水；③ 通过
康斯伯格区环境联络处（KUKA）的宣传教育，提高居
民节水意识[17]。

　　减少饮用水消耗量的具体措施如下：安装节水设
备，如空气与水混合器、限流装置和恒流装置（节水水
龙头），并在公寓住户家都装上独立水表。整个水系统
致力于为居民节水提供相关资料和节能设备，并辅以大
量的宣传教育项目。因尚未具体统计饮用水减少量，所

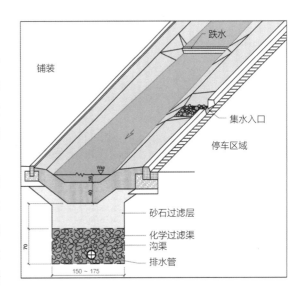

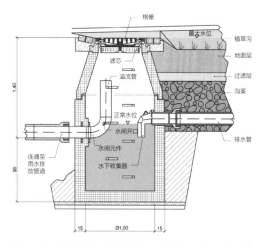

图 4.28　康斯伯格区的"洼地—沟渠"雨水渗滤系统剖面图 2（图片来源：卡林·隆明，《汉诺威康斯伯格手册》，重新制图：爱丽尔·乌兹）

图 4.29　康斯伯格区"洼地—沟渠"雨水渗滤系统中的生态街道（摄影：卡尔·约翰蒂斯）

以很难评估节水装置和设备的有效率。

分散式、半自然雨水排放管理系统非常复杂。首先，仅机动车道上可用不透水铺装材料，所有停车场和人行道必须采用渗水材料。街道上的雨水收集不是通过雨水管道，而是将雨水快速排入一个露天排水系统——洼地—沟渠（Mulden- Rigolen）系统。地表径流被引入植草沟并由一系列梯级水坝拦住。允许雨水渗入地表土和过滤层，积存在滤水砾石沟里，再渗透到土壤中去。出现极端降雨天气时，溢水管管道系统将雨水运送到大型存水处。在景观地区，洼地和排水沟收集雨水并将其导入景观蓄水池，使其自成一景。为了收集数据并优化施工细节，在安装街道基础设施之前，先建了一段 1∶1 尺寸的"洼地—沟渠"系统示范段。通过做出示范段，对系统进行调整以迎合地形坡度，优化开口处的尺寸和数量指标。实践表明，添加了大型蓄水处以应对极端情况之后，每公顷排水量限制到 3L/s 的目标是可以实现的。最终，"洼地—沟渠"系统被成功推广安装到所有的公共街道上。

如果没有建雨水收集和再利用系统，也就没有本地中水处理系统。

垃圾处理

康斯伯格区垃圾处理方案的理念是"预防性垃圾管理"，即避免垃圾的产生，同时积极回收垃圾。该理念聚焦于两方面：①建筑垃圾；②住宅、商业垃圾，住宅及商业垃圾要减少一半[18]。整套便民、利民的垃圾分类、自送、清运体系，遍布于全区。建筑垃圾要通过减少浪费及明令回收，来达到减少 80% 的目标。为配合垃圾再利用理念，该市开发了生态土壤管理计划：将挖出的泥土全部用于当地周边景观及环境改善，既节约了成本，又减少了二氧化碳排放量，更避免了卡车运土出城所造成的污染[19]。

政府明文规定要分类收集施工阶段产生的材料垃圾，从而使运出工地的固体垃圾减少了 80%。回收再利用住宅

图 4.30 康斯伯格区雨水澄清池

图 4.31 康斯伯格区南部生态大道（摄影：卡尔·约翰蒂斯）

图 4.32 康斯伯格区废弃物收集区域（摄影：卡尔·约翰蒂斯）

图 4.33　康斯伯格区街区、街道、庭院
和公园鸟瞰（摄影：卡尔·约翰蒂斯）

和商业垃圾的规定又将回收率提高到 80%。

　　土壤管理计划将挖掘土全部用于该区景观建设和环境改善，避免了用
约 10 000 辆卡车运土，从而减少了粉尘、噪声，降低了二氧化碳排放量。

社会议程

　　总目标是创建一个"容纳社会各阶层的社区"[20]，并进一步"避免由
房屋贷款和所有权的不同形式所引起的社会等级分化"[21]。这一目标具体
体现在一系列政府规定上，包括提供各种户型以应对不断变化的住房需求，
比如不同面积的公寓、适合家庭和新生活方式的户型。为实现创建复合型
社会的目标，提出了社区多用途混合使用的方案，包括全方位的社会和商
业服务、就近的工作岗位，以及去汉诺威市的便捷交通。该方案包括三所
幼儿园、一所小学（设有课外活动中心和体育馆）、一家购物中心、一个

健康中心、一座教堂、一个老人活动中心、一个艺术中心，以及遍布邻里空间的社区活动室。

创建一个复合社区结构，避免社会分化，提供可负担的房屋租金等目标已基本实现。最后，近一半住房有政府补贴，使租金合适、人口阶层多样。这里有 1/3 的居民是移民，1/4 的居民年龄在 18 岁以下，有 16 套公寓专供残疾人居住，很大一部分居民享受各种为老年人提供的服务，还有一成公寓是公租房。

经验教训

由市政府引领的创新的、并行发展的规划设计过程，不仅带来高效合作、不断学习的成效，更在时间紧的情况下提高了政府的审批效率。质量把关署利用合同条款约束承建商，更亲临现场检测，以认证工程，从而保证了热能要求达到 50~55 kW·h/（m^2·a）的预期目标。不断培训开发商和建筑承包商，讲解标准细则，举例说明，是实现 QAP 标准的关键所在。注重培养居民节水、节能的意识，配以明确的政府津贴规定，也是实现预期目标的关键。

《21 世纪议程》的主旨是采用一整套方式平衡人类需求与生态保护，这也是制定康斯伯格实践方法的重要指导原则。50~55 kW·h/（m^2·a）的具体供热指标是实现二氧化碳减排 60% 的目标的重要组成部分，进而产生了风能与热电联产系统同时供应电力和热水的策略。

康斯伯格区的城市形态基于简单的路网和街区结构而形成。简洁的矩形定义了社区的特点和统一性。来自 40 个不同建筑事务所的优质设计，使这一简单的构架丰富起来。从沿西侧主要街道高密度开发的街区到朝向中间地带开放边界的街区，再到沿东侧高地的联排住宅建筑，形成了从城市到乡村的逐步转变。由于有 2/3 的街区边缘设有开口，相对于城市，康斯伯格区给人的感觉更像是乡村。

城市景观设计策略的大胆尝试让这个社区别具一格。将南部社区和北部社区沿社区公园布置，不仅打破了网格的单调乏味，也让每个景观设计都彰显了个性。街区中形色各异的公共庭院丰富了社区文化，使该区别具一格、便于识别。倾斜的东西向街道和三条东西向景观长廊的嵌入，以及雨水处理和城市环境的营造，为路网系统进一步添加了独特性和可辨识度。城市设计的成功直接来源于其简洁性。乍一看，这个方案似乎仅仅是无趣的标准路网和街区组合，但入住之后会发现，它实在是一个妙趣横生、变化多样的生活空间。

康斯伯格区的实践表明，即使是被动节能房屋那样的严苛标准，采用能源效率策略仍是实现二氧化碳减排的最经济有效的方法。同时也表明，这个地区采用的热电联产系统——将一种初级燃料同时转化为热能和电能两种能源——是减少二氧化碳排放的妙计，一箭双雕。在热电联产工艺中，产生的热量是电能的两倍。康斯伯格系统将热电联产（CHP）系统与风力发电相结合，弥补了这部分差值。这是可再生能源系统如何结合传统能源供应系统，如何平衡各种供应以满足需求的优秀范例。

康斯伯格区的实践表明，将二氧化碳减排 80% 是可能的，从而使人均二氧化碳年排放量降低到低于全球平均水平（2 t）以下，以稳定气候变化。

截留和涵养雨水的生态调节沟在今天看来已经非常普遍了，但是"洼地—沟渠"系统的有效性使其成为坡地生态调节沟设计的优秀范例。使用节水马桶和节水浴缸是降低水资源消耗的有效手段，如今已普及推广。

康斯伯格区实施的减少垃圾排放量和垃圾循环再利用系统非常有效，同时也是欧洲普遍采用的方法。使用工程挖掘土建景观的方式既有效减排，又是创新的景观设计理念，未来值得大力推广。

全面的综合性服务在很大程度上提高了社会一体化和可持续性。社区中设置有一个购物中心、多个商店及商业场所、一家医疗中心、一座基督教教堂、一个社区艺术中心、一个老人活动中心和各种社区活动室，满足当地居民大部分日常需求。三所幼儿园和一所小学基本满足了年轻家庭的需求，同时也成了社区活动的焦点。

康斯伯格区的居民常说带来高品质生活空间、社区空间的一大因素是该区的生态特点。一项学术研究证实了社区的社会可持续性。受访居民（占人口的 40%）中有八成表示，如果重新选择，他们愿意再次搬到康斯伯格区定居，因为这里租金低、建筑新颖、公寓布局实用、居住环境绿化好、邻里关系友好，并且有就业机会。

美国绿色住区评价体系（LEED-ND）评级

　　使用美国的 LEED- ND 评估康斯伯格区这样的欧洲社区（表 4.1）时，出现了一些怪现象，暴露出该体系固有的局限性。例如，尽管康斯伯格区的建筑在建设的各个阶段，都严格达到了各项能源指标，包括鼓风机门试验，并且顺理成章地获得准入证，但在 LEED- ND 的"绿色建筑认证"这一项却得了 0 分，因为该认证需由 LEED- ND 派人验收才有效。由于康斯伯格区的街道模式完全异于停车场和林荫道的传统美国模式，所以在"步行街区及街道网络"这两项也丢了分。最后，LEED- ND 为就地可再生能源资源、区域供暖制冷和基础设施能源节约率方面一共只给出了 6 分，仅占满分 110 分的 5%；为"建筑能源节约率"这项给出 2 分。这几项是整个系统设计方案中的重要组成部分，至少减排 50% 的二氧化碳（除了交通运输的减排），却只占总分的不到 10%，根本无法体现其真正价值。如果 LEED- ND 在建筑能源节约率、就地可再生能源资源和区域供暖制冷上增加评分权重，康斯伯格区的等级将从金级升为铂金级。可见 LEED- ND 中各项的权重有待改进。

表 4.1　康斯伯格区的 LEED- ND 评估

	标准	最高分	得分
选址与对外联系	前提项：明智的选址		—
	前提项：濒危物种、生物群落		—
	前提项：湿地、水体保护		—
	前提项：农业用地保护		—
	前提项：河漫滩防洪		—
	评分项：优选地点	10	0
	评分项：棕地重新开发	2	0
	评分项：减少机动车依赖	7	7
	评分项：自行车网络与自行车存放	1	1
	评分项：居住与工作地点距离	3	3
	评分项：坡地保护	1	1
	评分项：动植物栖息地或湿地水体保护场地设计	1	1
	评分项：动植物栖息地或湿地水体保护恢复	1	0
	评分项：动植物栖息地或湿地水体长期保护管理	1	1
	小计	27	14
住宅布局与设计	前提项：步行街区		—
	前提项：集约发展		—
	前提项：社区关联性与开放性		—
	评分项：步行街区	12	10
	评分项：集约发展	6	4
	评分项：多功能社区中心	4	4
	评分项：多收入阶层社区	7	7
	评分项：停车面积控制情况	1	1
	评分项：街道网络	2	0
	评分项：交通设施	1	1
	评分项：交通需求管理	2	2
	评分项：市民公共用地可达性	1	1
	评分项：娱乐设施路径可达性	1	1
	评分项：无障碍与通用设计	1	1
	评分项：社区外延性与公众参与	2	2
	评分项：当地粮食产量	1	1
	评分项：道路两旁植树遮阳情况	2	2
	评分项：社区学校	1	1
	小计	44	38

（续表）

	标准	最高分	得分
绿化基础设施与建筑	前提项：绿色建筑认证		不适用
	前提项：建筑能耗最小化		—
	前提项：建筑用水最小化		—
	前提项：建设活动污染防治		—
	评分项：绿色建筑认证	5	不适用
	评分项：建筑能源节约率	2	2
	评分项：建筑节水率	1	1
	评分项：节水景观	1	1
	评分项：现有建筑使用情况	1	0
	评分项：历史资源保护	1	0
	评分项：场地设计建设干扰最小化	1	0
	评分项：雨水处理	4	4
	评分项：热岛效应控制情况	1	1
	评分项：朝阳性	1	0
	评分项：就地可再生能源资源	3	3
	评分项：区域供暖制冷	2	2
	评分项：基础设施能源节约率	1	1
	评分项：废水管理	2	0
	评分项：基础设施循环利用	1	1
	评分项：固体垃圾管理	1	1
	评分项：光污染控制情况	1	1
	小计	29	18
创新与设计过程	评分项：创新性及模范特性	5	3
	评分项：LEED 认证的专业人员	1	不适用
	总计	6	3
区域优先性	评分项：区域优先性	4	不适用
	总计	4	0
项目统计（认证评估）	总分	110	73
	认证等级	铂金级（80+）	金级
		金级（60~79）	
		银级（50~59）	
		认证级（40~49）	

来源：哈里森·弗雷克

注释

1. 引自"Rumming Karin, ed., foreword to Hannover Kronsberg Handbook: Planning and Realisation. Leipzig: Jütte Druck, 2004: 4."。

2. 引自"Schottkowski-Bahre Inge, ed., Modell Kronsberg: Sustainable Building for the Future. Leipzig: Jütte Druck, 2000: 9."。

3. 同注释 1，第 47 页。

4. 同上：第 48 页。

5. 同上：第 50 页。

6. 同上：第 53 页。

7. 同上。

8. 同上。

9. 同上：第 56 页。

10. 同上：第 23 页。

11. 同上：第 51 页。

12. 同上：第 54 页。

13. 同上：第 120 页。

14. 同上。

15. 同上。

16. 同上：第 122 页。

17. 同上：第 71 页。

18. 同上：第 78 页。

19. 同上：第 82 页。

20. 同上：第 14 页。

21. 同上：第 15 页。

5

德国弗莱堡市沃邦区

沃邦区位于德国弗莱堡市的西南角，是一个综合功能社区，离市中心仅 3 km 的电车车程。沃邦区是一个不寻常的城市中不寻常的社区。虽然地处黑森林西部边缘，但弗莱堡市拥有德国最高的年太阳辐射量，得天独厚。难怪欧洲顶级的太阳能独立研究实验室弗劳恩霍夫太阳能系统研究所（Fraunhofer Institute for Solar Energy Systems，缩写为 ISE）落户于此，其太阳能光伏发电设备非常充足（包括主要火车站的太阳能自行车棚），被称为"弗莱堡太阳能区"。20 世纪 70 年代以来，弗莱堡市一直站在环保运动的前沿。建筑师罗尔夫·迪施（Rolf Disch）在这里率先建造了向日住房，是世界上第一个能量生产多于消耗的建筑物。

图 5.1 沃邦区鸟瞰［图片来源：澳大利亚收费公路运营商 Transurban 公司的托马斯·斯科洛普夫（Thomas Schroepfer）、克里斯蒂安·韦斯曼（Christian Werthman）以及李敏熙（Limin Hee）］

1993 年，弗莱堡市准备着手在废弃的军营上建立新区时，旨在建设一个容纳 5000 名不同收入阶层居民的社区。这是一个最不同寻常而具启发性的可持续发展的城市设计案例。沃邦区的故事不但源于成功地应用了技术，更关乎人与建设过程。正如迪施所言："技术不是问题，我们有技术。问题是如何思考。我们的问题是（怎么）做。"[1] 沃邦区的故事揭示了一些重要的"怎么做"的秘密。

规划流程

1993 年，弗莱堡市从联邦当局手中购买了一座废弃的法国军营，准备规划一个 42 hm² 的新区，以容纳该市不断增长的人口。城市拥有产权，负责该地的规划发展，主要目标是创建一个多收入阶层、综合功能的 5000 人社区，并提供 600 个工作岗位。待建地块在城市边缘，四周环绕着怡人的自然景观，当地非常关注如何开发建设。

因为这种热切关注，政府提出了"边学边规划"的原则[2]，旨在让社区居民直接参与设计全程，从此开始了一种实验性的、开明的城市设计过程。1994 年，政府举办了城市设计大赛，带来一系列来自大众的想法。其成果为开发规划奠定了基础。

1995 年，市民协会沃邦论坛[3] 协调参与过程，并被弗莱堡市认可其作为规划参与机构的合法性，规划流程正式拉开了帷幕。沃邦论坛不仅组织市民参与，影响深远，而且支持实现以社区为基础的合作建筑项目——堡乐邦（Baugruppen[4]）。该项目招募未来的业主，并指导他们合作建设

图 5.2 沃邦区主要公园大道（图片来源：澳大利亚收费公路运营商 Transurban 公司的托马斯·斯科洛普夫、克里斯蒂安·韦斯曼以及李敏熙）

项目。沃邦论坛在制定及执行生态标准方面发挥了关键作用，尤其是在交通和能源领域，打造了它所描绘的"可持续发展城区样本"。作为市规划

委员会和市议会之间的正式联络站，沃邦论坛提出了
"无车生活"[5]理念，并成立了汽车共享协会（Auto-
Gemeinschaft）具体跟进执行。[6]

随着建设的深入，沃邦论坛将支持堡乐邦项目的
大部分职能转而划分给了各种非营利组织，如沃邦建
设合作所、"Genova eG"和"Buergerbau AG"
（国民建设股份公司）。服务包括开发项目的用地选
址；招募未来建筑的业主团体，直到满员；针对规划
及施工各步骤，全程指导；管理施工进度；控制成本、
进度和质量；负责融资和财务。

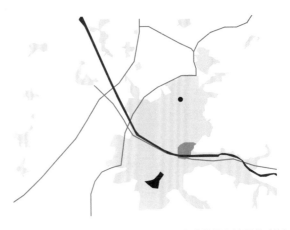

图 5.3 沃邦区在弗莱堡市的区位（制
图：杰西卡·杨）

一直以来，沃邦论坛的资金来自会费、捐款及补助金（德国环境基金
会）。用于出版杂志《今日沃邦》（*Vauban Actuel*），以宣传本地各大活动，
堡乐邦的各种生态策略，支持团体倡议，包括一个社区中心和农贸市场。
随着项目的推进，沃邦论坛工作重心逐步从关注规划和建设中的生态问题，
转为促进居民的社会文化活力。

作为土地所有者和规划开发者，弗莱堡市政府成立了一个特别委员
会——市议会沃邦委员会，负责同沃邦论坛进行座谈，提交议案供市议会
审批。规划早期最重要的决定之一，即将该建设项目划分成小块，直接销
售给最终业主，而非中间开发商，这一决定消除了中间成本，为组建多个
堡乐邦项目（一期 15 个，共计 40 个）打下了基础。施工首期成立了 15
个堡乐邦建协，最终发展到 40 个。这一模式成功的关键在于，总规划师
斯文·冯·温格恩－施特恩贝格（Sven von Ungern- Sternberg）以开
放的心态修改开发规划，以适应堡乐邦和沃邦论坛不断学习和迭代建设标
准的成果。随着规划目标和标准的不断修订，市政府可以在承建商的销售
合约上增加新条款，以控制开发。此外，作为土地所有者和管理者，市政
府控制了被认可或失败的风险。同时设立单独预算，以便更容易地监控通
过地块出售和特别项目补贴收回的资金。

通过沃邦论坛的市民参与、总城市规划师及市议会的开明领导，各方
共同努力，以公众参与的新方式，打造了一个生态社区，实现了独特的社会、
经济、环境（包括交通、能源、水和垃圾处理）和设计上的目标。

"边学习边规划"的总体原则，使项目的目标与宗旨自然产生于项目
过程的深度参与之中。最重要的是，因为业主在制定目标和宗旨过程中发
挥了关键作用，所以他们对项目的成功实现拥有了知识、理解和利益关系。

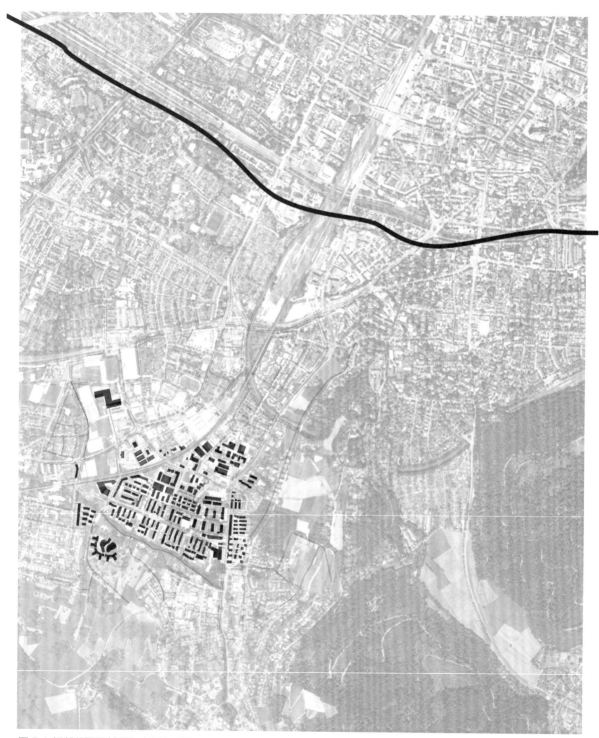

图 5.4 沃邦总平面(制图: 杰西卡·杨)

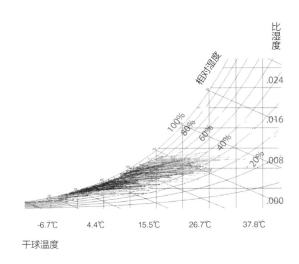

图 5.5　显示沃邦区每年日温度变化的焓湿图。图中显示被动式太阳能加热系统能够有效地适应当地气候。日平均气温在 18℃的采暖度日数（HDD）为 9.327℃·d；日均气温在 22℃的空调度日数（CDD）为 5℃·d［制图：哈里森·弗雷克，数据来源：德国巴登—符腾堡州弗莱堡市黑森林（8.00°E，47.88°N）］

交通系统

　　沃邦区交通系统设计的核心是典型的公交导向式，更率先提出了无车生活的概念，旨在降低全区汽车使用量，造福大众，而不是制造一小块无车的"飞地"。

　　其目标和宗旨概述如下[7]：

　　（1）行人、骑自行车者和公交系统优先。

　　（2）所有学校、商务场所、商场、食品合作社、娱乐中心以及 600 个工作岗位距堡乐邦住宅区均在步行和骑自行车的范围之内（路程时间不到 10 min）。

　　（3）住宅门前不允许停车（包括送货），只能临时上下客。居民要将车停到社区外围的统一停车场。

　　（4）区域主干道限速是 30 km/h，而在居民区里，限速是 4~8 km/h 的"步行速度"。

　　（5）提供共享汽车。

　　（6）提供公交系统，包括有轨电车和公交车。

　　沃邦区的开发规划中明令禁止在私人地产建设停车位。在居民区的周边，建设了四个多层车库。车位费相当高（约 4 万美元[8]），而且车主不得不接受要步行几分钟才到停车位的现实。无车居民不需负担停车场的费用，还可以使用共享汽车。共享汽车公司在社区停车库提供五辆房车、一辆面包车。加入共享汽车项目的居民可以得到一年内免费的公交卡。

图 5.6 沃邦区公共交通系统（图片来源：澳大利亚收费公路运营商 Transurban 公司的托马斯· 斯科洛普夫、克里斯蒂安·韦斯曼以及李敏熙，重新制图：爱丽尔·乌兹）

连续串通的路网只提供自行车道和人行道，使其优先于汽车，汽车则受到不连续的道路网限制。

公交系统的主干是行驶于公园林荫大道中心地带的有轨电车。西端、中间段、东段美泽森（Merzhauser）街交叉口都设有站点，保证从每个住宅区步行 300 m 以内即到达车站。乘电车 10 min 即可到达弗莱堡市中心。电车约 8 min 发一班车，每站都有实时信息显示电车到达时间。区域公交系统在索尼希夫（Sonnenschiff）开发项目前设立站点，沿美泽森（Merzhauser）街行驶，连接到有轨电车线路。

目前尚无关于居民出行方式的综合调查，因而无从了解步行、骑自行车、公共交通、共享汽车和私家车的使用比例。然而，小学、幼儿园、市场、商店及 600 个工作岗位都设在本区的事实，使"短距离步行区"模式梦想成真。七成沃邦区的家庭没有私家车，平均每千人拥有 250 辆汽车[9]，仅为全德国平均值的三分之一。数据表明沃邦日常出行中开车仅占 10%~15%，而德国平均是 50%（美国是 90%）。

城市形态

沃邦区的城市形态目标目前尚无明确的报告。沃邦区在当初的开放设计大赛及城市分区的指导下逐渐形成了现在的形态，这些为各个小地块的开发制定了一般框架。

沃邦区最终呈现的城市形态可以理解成一个由主要公共空间连接的 T 形：头部是东入口处的单侧商业街，连接到一条长长的绿色"脊柱"，东西贯穿开发区的核心，直到尾巴。入口处的商业街是该区和城市的主要连接线。商业店铺占了三层楼，以上是别具一格的太阳能联排住宅，太阳能停车库设在街对面。

图 5.7 沃邦区停车空间 [图片来源：西伯（Szibbo）和莱恩哈特（Reinhalter）]

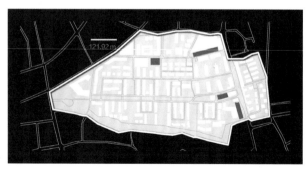

绿带的城市形态是个异乎寻常的混合体：可以看成一条双向交通的林荫大道，一侧是带有电车轨道和雨水洼地的线形绿带，也可以看成一个线形公

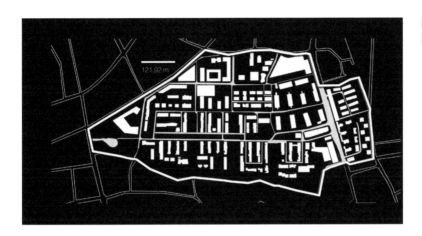

图 5.8 沃邦区街区形式（图片来源：西伯和莱恩哈特）

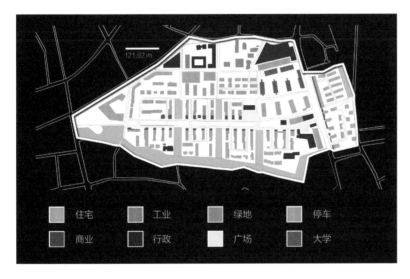

图 5.9 沃邦区用地功能（图片来源：西伯和莱恩哈特）

图例：住宅　工业　绿地　停车　商业　行政　广场　大学

图 5.10 沃邦区的尽端商业建筑（图片来源：澳大利亚收费公路运营商 Transurban 公司的托马斯·斯科洛普夫、克里斯蒂安·韦斯曼以及李敏熙）

图 5.11 沃邦区公共广场（图片来源：澳大利亚收费公路运营商 Transurban 公司的托马斯·斯科洛普夫、克里斯蒂安·韦斯曼以及李敏熙）

园，有轨电车及汽车是其中必要而轻微的干扰。绿色脊柱作为公园的体验通过其他的城市元素的设计被加强：几乎所有依绿带而建的建筑，都要垂直于它排列，让末端朝向绿带，便于居民进出，同时又开阔了视野。另外，在绿带的特定位置，建有三个边界清晰的开放空间，横穿绿带两侧，不像普通林荫大道两侧排满建筑空间边缘是渗透性和开放的。还有，这些公共绿地的两侧有商业功能，因为朝向线形公园的建筑末端的一层都是商业店铺。其结果是一种奇特的双重面貌：沿着边缘走，由于透视缩短，像走在城市密度（约 75 户 / hm^2）下的连续商业街上；而朝着绿带看过去，又觉得完全是个居民区公园，商业店铺只是零星点缀在边缘。

图 5.12 沃邦区公共开放空间（图片来源：澳大利亚收费公路运营商 Transurban 公司的托马斯·斯科洛普夫、克里斯蒂安·韦斯曼以及李敏熙）

绿带作为有轨电车大道，提供了进入城市及社区交通的便利（三个站点均有商店），这种设计又是一种崭新的城市模式：是开放的线形公园，是城市社区，又是林荫大道。

除了贯穿线形公园大道的绿色空间，在绿带北侧约三分之一处还有一个社区广场。这是社区会议处，由一座坐北朝南的建筑提供服务，里面有一个餐厅和酒吧、社区会议室、沃邦论坛及其杂志办公室，还有一家小旅社。

社区是典型的区块状。公园大

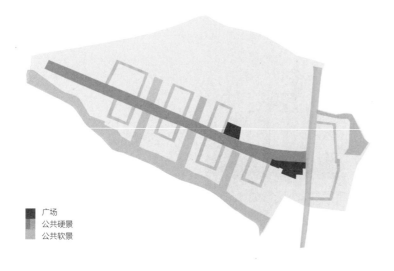

广场
公共硬景
公共软景

道的南侧，U形道路延伸到各个堡乐邦住宅区（图5.8）。北侧是三个不同层次的建筑楼群：第一层，类似于南侧，由U形街道进入。另两个层次里，是更典型的街道和街区，但是街道却不是四通八达的，它们在每个街区里转向，或是终止成了死胡同。虽然双向的汽车道不连续，但人行道和自行车道则是四通八达，让人简单方便地到达该区各处。

绿地空间

由于沃邦区的建设目标是"既要密集型建设，又要绿色环保"[10]，以及和本地居民共同设计的公共绿地，使沃邦区的公共开放空间几乎比城市所有密度社区更绿意盎然。绿色目标的实现靠的是一系列设计策略，从最细微到最明显的。电车轨道在公园林荫大道上那一段不是铺在路面上而是铺在草地上的，保留了原有的大树，电车的通行不受限制。只有街道部分的铁轨可以穿行，因为与铁轨平行的生态雨水沟太深，无法通过。这使得绿色空间连绵不断，电车轨道只是其中的小插曲而已。

三个绿色空间垂直穿过公园大道，不仅向南北社区打开了绿道，而且可作为连接和进入"再生群落生境"，即名为圣吉尔（Sankt- Georgen）的溪流的通道。这是沿着整个南端的主要绿带，也是一个自然保护区。

堡乐邦住宅一层连接半公共空间，用于私家花园、定制自行车棚的所有铺装材质都是透水性的。这进一步增加了公共空间的绿化。公共空间的绿化不局限于地面，许多住宅采用垂直绿化，由居民养护的藤蔓和植物组成了"活的立面"，为夏季降温，为四季增色。最重要的是，超过50%的建筑使用绿色屋顶，实现隔热和雨水收集，或者吸收太阳能提供热水或电能。这个具有较高密度、混合功能、公交为导向的城市社区，给人的主要印象已成为一个多重层次的公园。

图 5.13 沃邦区绿化空间与设施（图片来源：西伯和莱恩哈特）

图 5.14 沃邦区绿色屋顶分布（图片来源：西伯和莱恩哈特）

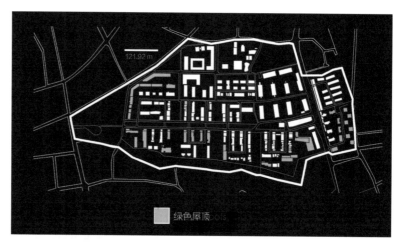

图 5.15 沃邦区的垂直绿化 ［图片来源：卡斯滕·斯珀林（Carsten Sperling）］

图 5.16 沃邦区植被分布（图片来源：西伯和莱恩哈特）

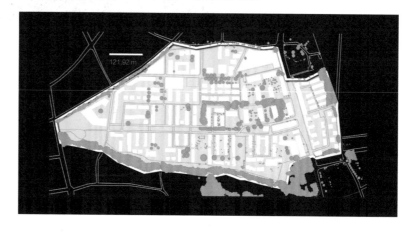

能源系统

沃邦区能源使用的目标根据国家和地方政策导向，鼓励社区范围内提高能源的效率（能源再分配），被动式设计建筑以利用当地气候优势，并通过区域热电联产系统和再生能源解决能源供应问题。

具体实施框架如下[11]：

（1）所有建筑物都必须遵守修订的低能耗标准：供热不能超过 $60\,kW\cdot h/(m^2\cdot a)$。相比之下，1995 年到 2000 年之间建造房屋标准为 $100\,kW\cdot h/(m^2\cdot a)$，1995 年以前建造的房屋是 $220\,kW\cdot h/(m^2\cdot a)$。该标准采用瑞士 SIA380/1 标准计算得出，相当于 $48\sim55\,kW\cdot h/(m^2\cdot a)$ 的德国标准。

（2）能源由当地的高效热电联产厂提供，以木屑和天然气为原料，通过短程供热网和本地电网输送。

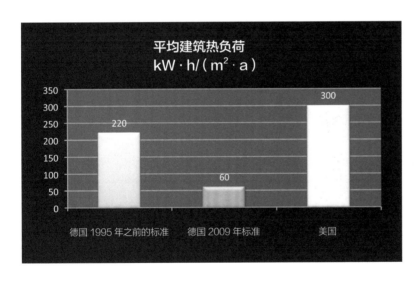

图 5.17 沃邦区供热标准（图片来源：西伯和莱恩哈特）

（3）太阳能的应用通过两种创新的融资方式得到鼓励：太阳能热水系统被纳入许多堡乐邦项目里，以协助供热和生活用热水；在建筑中安装了光伏系统（一期 $450\,m^2$），其中两组最大的太阳能板被安装在社区车库。安装的总功率峰值为 662 kW。

（4）各个堡乐邦可自行提高其能源标准，以产生良性竞争。由此产生了超过 100 个单元满足 $15\,kW\cdot h/(m^2\cdot a)$ 的供暖消耗的被动式房屋，包括德国最早的两栋四层被动式多单元公寓楼。良性竞争还产生了 75 个单元为产能型住宅，由罗尔夫·迪施设计并开发，是他的向日住宅理念的

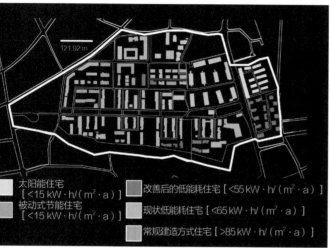

太阳能住宅
[<15 kW·h/(m²·a)]
被动式节能住宅
[<15 kW·h/(m²·a)]

改善后的低能耗住宅 [<55 kW·h/(m²·a)]
现状低能耗住宅 [<65 kW·h/(m²·a)]
常规建造方式住宅 [>85 kW·h/(m²·a)]

图5.18 沃邦区住房类型分布（图片来源：西伯和莱恩哈特）

图5.19 沃邦区的第一批堡乐邦住宅单元鸟瞰，包括最初的低能耗住宅［图片来源：弗莱堡市，托马斯·费边（Thomas Fabian）］

图5.20 沃邦区被动式节能住宅——德国第一个多层多单元被动式公寓（图片来源：卡斯滕·斯珀林）

图5.21 沃邦区产能住宅［图片来源：丹尼尔·肖恩（Daniel Schoenen）］

展示。这些住宅每年将相当于其 15% 的能耗返还给城市。

　　由于所有 40 个堡乐邦都制定了自己的节能目标和策略，达到或超过法定低能耗标准，因而衡量总体效果只能监测每座建筑的能耗，但目前尚无此类监测报告。尽管如此，由于 200 个单元（12%）设计为 15 kW·h/（m²·a）的被动式房屋（有些是零能耗），100 个单元（6%）被设计成为 55 kW·h/（m²·a）的供暖能耗，并安装很多太阳能热水系统减少了热水的需求，有理由认为全区住房的实际节能远远高于总体目标。平均总性能的估计值见表 5.1。估计值比 105 kW·h/（m²·a）的近似目标低 24%。

表5.1　沃邦区能耗预测

能耗种类	估计值	目标值
热能	46 kW·h/（m²·a）	60 kW·h/（m²·a）
电能	22 kW·h/（m²·a）	30 kW·h/（m²·a）
热水	12 kW·h/（m²·a）	15 kW·h/（m²·a）
总计	80 kW·h/（m²·a）	105 kW·h/（m²·a）

图 5.22　沃邦区 1 号热电厂（图片来源：卡斯滕·斯珀林）

热水和电力都是由区热电厂以天然气和废木屑为原料，热电联产，所有建筑的热水由热水系统网输送，电力则是通过城市电网供应。

目前，项目已经安装了相当于 1200 m² 的 89 个太阳能光伏发电系统。[12] 最大的光伏阵列位于太阳能车库及太阳能居民区（Solarsiedlung）。该区由罗尔夫·迪施进行设计、开发并投资，贝德诺瓦（Badenova）能源公司赞助。

图 5.23　沃邦区太阳能利用规划（图片来源：西伯和莱恩哈特）

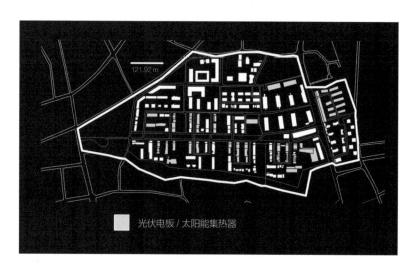

图 5.24　沃邦区太阳能集热器（图片来源：卡斯滕·斯珀林）

许多堡乐邦项目安装了屋顶太阳能系统，补充了热水供应。德国最早的被动式多层公寓楼之一 ——克里豪斯堡乐邦（Baugruppen Kleehauser）设有自己的小规模热电联产系统，为被动式太阳能系统提供备用供暖，并 100% 为各单元提供全部电力，向"零能耗"迈出了一大步。

据报道，沃邦区 100% 的供暖需求及 60% 的电力需求均由热电联产系统提供（用木屑原料）。[13] 此外，报告表明太阳能光伏系统产能 621 636 kW·h/a。每年能源使用比例见表 5.2。

表5.2　沃邦区每年可再生能源供给比例

类别	能源供应	百分比
热能（木屑）	10 399 400 kW·h/a	73%
电能（木屑）	2 366 760 kW·h/a	16%
电能（光伏）	621 636 kW·h/a	4%
电能（煤气）	956 204 kW·h/a	7%
总计	14 344 000 kW·h/a	100%

可见，沃邦区所用能源的 93% 是可再生能源。

水处理系统

节约用水、回收利用、雨水收集的目标无硬性规定，而是由每个堡乐邦制定设计目标。由于沃邦论坛已营造了创新和创造力的氛围，很多项目自然而然地在 3 个领域都采用了创新系统。还开发了一项废水处理试点项目，生产沼气用于做饭。

雨水处理没有具体规定，但系统的设计目标是促进 90% 的场地实现雨水渗透。换言之，其主要目标是补给地下水。

在沃邦论坛的鼓励下，许多项目都安装了新型供水系统：雨水收集系统用于园林灌溉，包括垂直绿化遮阳区。雨水采集也用于小学的厕所冲洗。

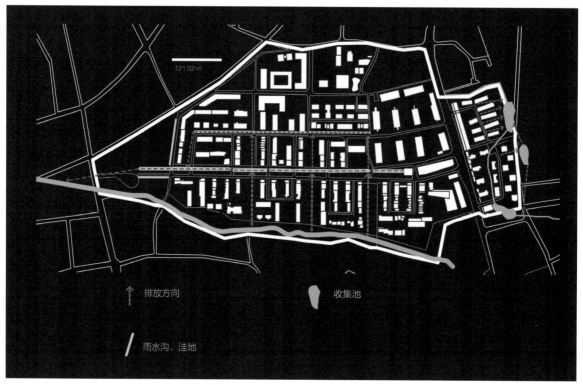

121.92 m

↑ 排放方向

收集池

雨水沟、洼地

图 5.25 沃邦区雨水管理系统（图片来源：西伯和莱恩哈特）

真空厕所（用水 0.5~1.0 L 相当于传统厕所用水 5~9 L）大幅度削减了用水量。在沃汗及阿贝腾堡乐邦（Baugruppe Wohnen und Arbeiten），真空系统将固体运送到厌氧消化池，同食物垃圾一起发酵，生成沼气用于烹饪。余下的废水在生物膜厂净化后，再次回到水循环中。

节水并没有具体制定目标，也没有数据显示实际用水量。然而，因采用了真空厕所、雨水收集再利用，可以认为用水量低于德国新建筑的平均水平。厕所用水处理循环使用的试点项目因用量太小而可忽略不计，但其可行性应予以重视。

简便的雨水储存系统减少了雨水管道的安装。场地的坡度设计将雨水引到两个线形"干"雨水沟或洼地：一个位于公园林荫大道中部的沃邦小径（Vauban allée），另一个向北一个街区，平行于自行车道和人行道。两个都留置雨水，让其自然渗透入地下。遭遇百年一遇的极端暴雨天气时，这两个雨水沟的水将排入沃邦区西端的村庄小溪里。美泽森（Merzhauser）街东侧的雨水汇集在一个干燥洼地里，再引流到东北部的风景保护区内。

图 5.26　沃邦区中央雨水洼地（图片来源：澳大利亚收费公路运营商 Transurban 公司的托马斯·斯科洛普夫、克里斯蒂安·韦斯曼以及李敏熙）

　　目前尚无雨水补给系统的具体数据报告。据说该系统一直运转，只有最少的雨水排到村溪里。通过使用绿色屋顶（一半住宅有各种形式的绿色屋顶）、透水性的铺装及雨水收集，实现了雨水径流的减少，有助于两个线形雨水沟和洼地发挥良好的作用。

垃圾处理

　　同水处理一样，垃圾处理也无明确的标准规定。每个堡乐邦自行制定策略来减少废物及回收再利用。但同样，沃邦论坛关于生态性的建筑和生活的教育提供了一整套策略清单，在开发过程中得以实施。

　　沃邦区没有大量宣传减少废物的规定。尽管如此，居民主动采取了减少废物的措施，尤其在合作建设区或堡乐邦开发区。在沃邦论坛的帮助下，社区制作了如何避免建筑垃圾的手册，分发给开发商。他们还设了回收站，回收废金属及建筑垃圾。弗莱堡市的垃圾回收系统负责为社区提供服务。

　　施工期间提供废物回收站及发放手册对减少建筑垃圾的影响暂无数据报告。而且，弗莱堡市的垃圾收集和回收也没有数据报告。

社会议程

沃邦区一开始的目标就是集合从草根阶层到市政府的法律、政治、社会和经济的各阶层人员，强调让未来的业主加入参与式开发的过程。沃邦区最重要的两个社会目标是：①实现居民生活方式的多样性；②社会各个阶层的人都可在沃邦区购房。

以下目标进一步加强了沃邦区的社会和文化层面发展[14]：

（1）生活区和工作区的平衡。

（2）社会团体的平衡。

（3）一个能满足日常购买需要的综合功能社区中心。

（4）一所小学和幼儿园。

（5）公共空间设计对家庭和儿童活动友好。

（6）一个服务于会议活动和访客的社区中心。

（7）一个农贸市场。

目标实现的过程中最重要的一步是招募未来的业主，组成堡乐邦，他们购买指定的地块，在沃邦论坛的指导下，设计并指导建设自己的房屋。

经验教训

持续参与式的规划过程，"边学习边规划"，不但达到了节能目标、可再生能源供能的目标，还促成了实现社会化、综合的职住一体社区的目标，对家庭、儿童及老人友好。市政府、联邦政府拨给沃邦论坛种子经费，并规定沃邦论坛为合法的市民代表团体，也对项目的成功至关重要。划分出小地块，直接销售给堡乐邦，使业主成为自己的开发商及承建商，有效省却了"中间人"开发商的开销，使买房费用更容易负担。

堡乐邦的集体建设过程，激发了个人创新力，通过沃邦论坛，共同分享最佳经验以及对建筑系统运行维护的真正所有权和理解。创新型的无车生活概念的产生以及创建关注儿童和长者、对步行及骑单车友好的公共及半公共空间的核心都基于参与式的设计过程。

车在住宅区只可即停即走，而不可长时间停放，停车位设在统一车库里，大大减少了私家车在公共领域的出现。高价位的车库停车位、无车居民的公交补贴、共享汽车的便捷，使沃邦成为无车家庭比例最高的社区，达到70%。配合以鼓励步行及单车的公共空间的设计，沃邦区为未来如何减少对汽车的依赖指引了方向。

参与式的设计建设过程，自然形成了社会组织，促进了稳定、融合和参与式的邻里文化。

"边学习边规划"的总原则推动了创新，授权居民为社区的设计质量负责。在这样的创新环境下，唯一列入土地销售协议中的强制标准即供暖能耗规定用于加热的能量不得高于 $60\ kW \cdot h/(m^2 \cdot a)$，这只是一个最低标准。很多堡乐邦项目和私人开发商自行设定了更严格的标准，实际超过规定，证明更高的目标是完全可以实现的。

沃邦区的城市形态是一种新型的混合体。街区地块的密度为每公顷125 到 400 个单元不等，符合城市密度的标准。可是沃邦区的城市形态结构创造了城市公园的体验，绿色空间在街区间穿插。很显然，这导致了居民们重视的开放、流动的绿色特色，以及设计质量高的居住区。另一方面，开放性和典型的区块模式（即边界不封闭区块）让城市设计师大伤脑筋。问题出现了：沃邦区是否是真正意义上的城市，它的街道没有清晰地被建筑界定，而公共空间又如此开放和流动自由？

大部分堡乐邦建筑都与公园林荫大道垂直，形成了很多东西走向的住宅单元。绿化墙体解决了一部分夏季的降温问题，但是，东西走向虽与绿色开放空间紧密连接，却不利于冬季被动式太阳能采光。值得提起注意的是，零能耗和自产能的被动式住宅都是经典的南北向：南墙满铺玻璃，而北墙则隔热良好，几乎无窗。因此，东西朝向的建筑显然是权衡能源性能的设计结果。

四十个不同的堡乐邦，每个都有自己的项目、目标和独立建筑师，创造了丰富多样的建筑形式，由立体景观主导的绿色统一起来。

城市形态的开放方式强调流动的景观开放空间、盛行的绿色外墙、保留的大树，以及略可一瞥的绿色屋顶，这些都成功地赋予了沃邦区强大的绿色空间的设计品质。公共区域大多是由鲜活的绿色地面、绿色墙壁和绿色屋顶组成的，使沃邦区的公共空间有一种与众不同的感觉。虽然城市景观不会被看作高级的设计，但其带来的丰富的感官体验主导着建筑，创造了非常独特的城市风格，使雨水系统可见并融入活跃的公共空间，为公共生活提供了更清晰的界定和丰富的感受。

沃邦区证明了成功的全系统能源性能，要从提高能源效率、被动式太阳能设计以及采用自然通风开始。太阳能区中的零耗能被动式住宅和产能住宅更明示了这一点。在能源需求降低的情况下，沃邦区展示了小区域热电联产系统的可行性，用木屑作为主要燃料，提供采暖所需的大部分热水及部分电力。加上大量的太阳能光伏发电，使整个系统的供电大部分是利用低碳排放的可再生能源。

生物沼气池的试点项目是将污泥和食品垃圾产生的沼气用于烹饪。它具有巨大的应用潜力，尤其是联想到克里豪斯堡乐邦（Baugruppen Kleehauser）的建筑级热电联产系统。它为"变废为能"指出了一个全新的全系统方法。如果食品垃圾、污泥和易分解的园林垃圾可以用社区的厌氧消化池制造出沼气，供建筑内的热电联产系统发电，那么沼气就可以代替城市燃气，使废物用于热电联产。在更大的系统和社区规模下，厌氧消化池试点具有广阔的前景。

沃邦区的社会目标很大程度上是通过沃邦论坛推广的民主参与式创新设计和集体建设过程实现的。通过广泛的公共关系、会议和社区杂志——《今日沃邦》，沃邦论坛协助组建了建设团体，促进了居民参与居住区街道设计（强调路径及保障孩子的安全）。还帮助设计了社区中心 037 号屋（Haus037）以及周末市场。此外，社区组织了沃邦区协会，以促进社会文化活动，举办午餐聚会、年度庆祝活动、募款长跑、儿童观影、跳蚤集市、足球和保龄球比赛、艺术展览、音乐艺术课程等。努力组织各项活动的结果是，社区更社会多元化、综合性功能更多、具有互助性，对家庭、儿童及老人友好。

如以下数据显示 [15]：

（1）5100 名居民中有 30% 是 18 岁以下（1530 人）。区内有两个幼儿设施和五个日托中心。

（2）该区的 400 名青少年正在设计和建设一个青少年中心，以满足未来容纳 800 名青少年的需求。

（3）社区将容纳超过 300 名 60 岁以上的老人，提供跨代公寓和无障碍通道。

（4）项目早期，沃邦区将十栋兵营建筑改建成低收入宿舍，安置了600 名学生。

（5）沃邦开发区有 500 多个工作岗位，还不包括在家工作的人。

（6）社区有以下商业和服务网点：一个大型超市、一家有机食品合作社专卖店、一家有机超市、两家面包店、小型有机葡萄酒和奶酪店，周末农贸市场（在电车环路转弯处规划另一个超市）、一家饭店、两家食堂、一个酒吧、一个烤肉店、两家冰激凌店、一家药房、一家文具店、一家自

行车店、一家电脑维修店、两家发廊、一家修鞋店。几个开业的家庭医生、
儿科医生、牙医，以及多个物理疗法和代替疗法诊所。

美国绿色住区评价体系（LEED-ND）评级

　　使用美国的 LEED-ND 评估沃邦这样的欧洲社区（表5.3）时，出现
了一些怪现象，暴露出该固有的偏见。例如，尽管堡乐邦建筑已经超越了
各项能源指标，但在 LEED-ND 的"绿色建筑认证"这一项却得了0分，
因为需获得 LEED 认证人员参与。由于康斯柏格的街道是按无车理念设计
的，而积分系统是基于美国传统的停车和绿化路网的模式，所以在"步行
街区"这一项也丢了分。最后，LEED-ND 为就地可再生能源资源、区域
供暖制冷，以及基础设施能源节约率只给出了6分，仅占满分110分的5%；
为"绿色建筑认证""建筑能源节约率"给出7分，为总分的6%。这两
项是整个系统设计方案中重要的组成部分，至少减排二氧化碳50%（除了
交通运输的减排），而两项评分却只有总分的11%，似乎被严重低估了。
尽管沃邦区被评为铂金级，却是靠那些同二氧化碳减排无主要影响的分数
获得的。也就是说，不考虑最重要的环境措施照样可以被评为最佳等级。
可见 LEED-ND 的权重有待改进。

表5.3 沃邦区的LEED-ND评估

	标准	最高分	得分
选址与对外联系	前提项：明智的选址	—	—
	前提项：濒危物种、生物群落	—	—
	前提项：湿地、水体保护	—	—
	前提项：农业用地保护	—	—
	前提项：河漫滩防洪	—	—
	评分项：优选地点	10	5
	评分项：棕地重新开发	2	0
	评分项：减少机动车依赖	7	7
	评分项：自行车网络与自行车存放	1	1
	评分项：居住与工作地点距离	3	3
	评分项：坡地保护	1	1
	评分项：动植物栖息地或湿地水体保护场地设计	1	1
	评分项：动植物栖息地或湿地水体保护恢复	1	1
	评分项：动植物栖息地或湿地水体长期保护管理	1	1
	小计	27	20
住宅布局与设计	前提项：步行街区	—	—
	前提项：集约发展	—	—
	前提项：社区关联性与开放性	—	—
	评分项：步行街区	12	10
	评分项：集约发展	6	5
	评分项：多功能社区中心	4	4
	评分项：多收入阶层社区	7	7
	评分项：停车面积控制情况	1	1
	评分项：街道网络	2	0
	评分项：交通设施	1	1
	评分项：交通需求管理	2	2
	评分项：市民公共用地可达性	1	1
	评分项：娱乐设施可达性	1	1
	评分项：无障碍与通用设计	1	1
	评分项：社区外延性与公众参与	2	2
	评分项：当地粮食产量	1	1
	评分项：道路两旁植树遮阳情况	2	2
	评分项：社区学校	1	1
	小计	44	39

续表

	标准	最高分	得分
绿色基础设施及绿色建筑	前提项：获认证的绿色建筑	—	不适用
	前提项：建筑能耗最小化	—	—
	前提项：建筑用水最小化	—	—
	前提项：建设活动污染防治	—	—
	评分项：绿色建筑认证	5	不适用
	评分项：建筑能源节约率	2	2
	评分项：建筑节水率	1	1
	评分项：节水景观	1	1
	评分项：现有建筑使用情况	1	1
	评分项：历史资源保护	1	1
	评分项：场地设计建设干扰最小化	1	1
	评分项：雨水处理	4	4
	评分项：热岛效应控制情况	1	1
	评分项：朝阳性	1	0
	评分项：就地可再生能源资源	3	3
	评分项：区域供暖制冷	2	2
	评分项：基础设施能源节约率	1	1
	评分项：废水管理	2	1
	评分项：基础设施循环利用	1	1
	评分项：固体垃圾管理	1	1
	评分项：光污染控制情况	1	1
	小计	29	22
创新和设计过程	评分项：创新性及模范特性	5	3
	评分项：LEED 认证的专业人员	1	不适用
	小计	6	3
区域优先次序的评分	评分：区域优先次序的评分	4	不适用
	小计	4	0
	总分	110	84
项目总计（认证评估）	认证等级	铂金级（80+） 金级（60-79） 银级（50-59） 认证级（40-49）	铂金级

（来源：哈里森·弗雷克）

注释

1. 引自"Turner Chris,'Solar Settlement',Azure, January 5, 2007, 2."。

2. 引自"Jan Scheuerer,'Vauban District, Freiburg, Germany', Perth, Western Australia: Murdoch University, Institute for Social Sustainability, 2009: 1, http://www.vauban. de/info/abstract.html."（访问时间 2012-1-19）。

3. 同上。

4. 引自"Jan Scheuerer,'Vauban District, Freiburg, Germany', Perth, Western Australia: Murdoch University, Institute for Social Sustainability, 2009：2, http://www.vauban.de/info/abstract2.html."。

5. 引自"Jan Scheuerer,'Vauban District, Freiburg, Germany', Perth, Western Australia: Murdoch University, Institute for Social Sustainability, 2009：1, http://www.vauban.de/info/abstract.html."。

6. 同上。

7. 同上。

8. 引自"Rosenthal Elisabeth,'In German Suburb, Life Goes On without Cars', New York Times, May 11, 2009, http:// www.nytimes.com/2009/05/12/science/earth/12suburb.html."（访问时间 2012-1-19）。

9. 引自"Hannes Linck, Quartier Vauban: A Guided Tour. Freiburg: District Association Vauban, 2009: 17."。

10. 同上，第 13 页。

11. 引自"Jan Scheuerer,'Vauban District, Freiburg, Germany', Perth, Western Australia: Murdoch University, Institute for Social Sustainability, 2009：4, http://www.vauban.de/info/abstract4.html."。

12. 同上。

13. 同注释 9，第 19 页。

14. 同注释 11。

15. 同注释 9，第 41、43 页。

6

社区案例综观

以上四个社区的规划均始于 20 世纪 90 年代中晚期，大约 20 多年前。这样的时间差使人质疑为什么需要这么长时间才能把这些经验应用到新的开发中去。答案是复杂的。四个案例中有三个是在国际大事件背景下闪亮登场的：欧洲千禧年住房博览会（Bo01 社区）、争取奥运会主办权（哈默比湖城），以及 2000 年世界博览会（康斯伯格区）。第四个案例是城市高瞻远瞩的环保战略目标的一部分（沃邦区）。

　　这些特殊情境促使他们努力探索新的可复制的开发实践，突破传统，创建更加可持续的宜居未来城市试点。四个社区都有幸获得所在城市、联邦政府及欧盟的种子基金，用以负担开发过程中更综合、跨部门、跨专业参与而产生的额外费用。正是这些额外经费使新的替代方法成为可能，避免了尼古拉斯·斯特恩勋爵所批评的当前开发中普遍存在的惰性、规避风险和激励机制。大部分开发项目都与特别经费无缘，也没有国际上对创新改革的期待。

　　每个项目所需时间长度和影响它的大事件的时间要求也是一个因素。城市社区规划、设计、建设过程复杂而漫长。从规划到完成建设，并运营足够长的时间以收集能效数据，可能需要 10 年。直到 2004 年开始，以及 2005 年至 2006 年，这些项目报告才开始发布。正当业内人士刚刚传播并吸取经验时，全球经济危机爆发，各地大部分建设项目被迫停滞。当时许多新一代的创新、综合性可持续发展项目正在筹建中，从克林顿环境与气候倡议组织（CCI）为促进社区或区域级的一体化系统思维所选择的项目数量就能看得出来。最初，CCI 在地跨六大洲的 10 个国家范围内甄选出一些社区或区域级的项目，"作为可持续城市增长的模型"[1]，为了追踪并分享最佳实例。该项目已经被纳入 C40 城市气候领导小组[2]，其中一些程序在许多情形下被削减了。全球金融危机还压倒了环境问题和气候变化推动的房地产创新开发。应对严重的衰退、住房市场大量止赎、不愿放贷而囤积资金的银行、因债务危机而面临破产的国家，这些问题大大冲淡了环境问题的紧迫感。

　　就在美国正慢慢走出大萧条时，近期恶劣的自然灾害，让如何应对气候变化问题再次被提到日程上来。现在的问题是：增加了适应性和更大的韧性需求将如何改变可持续发展或低碳社区的建设？即使气候变化的紧迫感再次成为驱动力，也可能持续不了太久。幸运的是，这些第一代社区在许多层次上拥有更全面的城市化的秘诀，使人们在日常生活中更加健康幸福，而不是必须应对气候变化。尤其，这四个案例是首批有真实性能数据的社区，其经验教训和结论对社区来说更加重要。它们指明的不仅是如何低碳化运营的全系统"魔法"，还有如何激发人们的想象力以达到设计的质量。可持续发展社区的设计，可能不仅受到气候变化、环境质量下降的威胁驱动，还出于追求设计质量和生活质量。这是一体化系统设计方法的一个组成部分。

规划流程

在四个案例中，市政府、规划机构和领导者都在整合项目进程中起了至关重要的作用。市政府作为土地所有人，肩负着开发项目的法定责任和权力。他们利用政治权力及领导力，可以从联邦机构筹得种子经费，利用城市资金，必要时，还可以低息贷款以保证项目顺利进行。四个案例中，城市都不约而同地设立了特别开发委员会，一般是与拥有项目规划权和领导力的规划部门一起。四个委员会都是跨领域的，有来自内部机构、外部专家、市民组织、相关公共事业公司的代表。每个委员会都为项目推动创新规划设计制定了决定性的目标和宗旨，这些目标也成为可持续发展社区的标杆和基准。

政府利用法定权力，要求负责能源、给水、污水，以及废弃物处理的公共事业公司，提出一个满足项目特定目标的整体方案。多数公共事业公司利用内部专业技术和外部专家设计新的综合性方案，全部得到了城市种子资金的支撑。

政府利用外部专家或竞赛，制定全面的总体规划。为公共空间——街道、公园、交通系统以及包括能源、给水、雨水和废弃物处理的基础设施——制定了详细的发展计划和工程规划。市政府对公共设施建设进行投标和签约，用城市资金和建设贷款支付。以这种方式，市政府成为基础开发的业主，承担每个项目的资金风险。

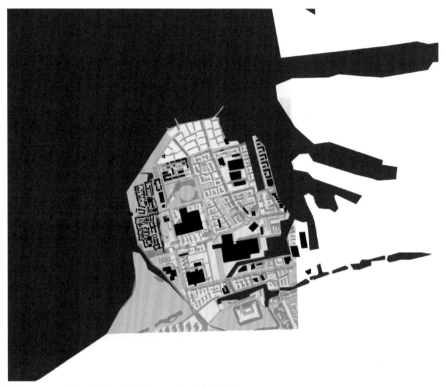

图 6.1 Bo01 社区总平面图（来源：马尔默市政府）

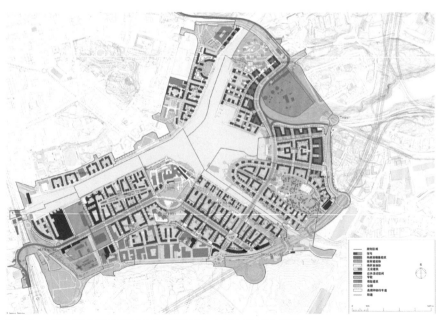

图 6.2 哈默比湖城总平面图（来源：斯德哥尔摩城市规划管理局）

图 6.3　康斯伯格区总平面图（图片来源: 卡林 · 隆明，《汉诺威康斯伯格手册》）

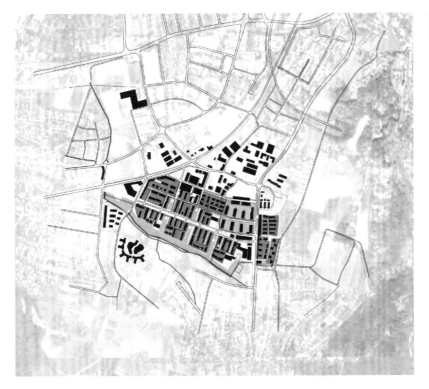

图 6.4　沃邦区总平面图（制图: 杰西卡 · 杨）

　　四个城市都将开发用地分割成小地块，销售给多个建筑设计开发团队。因对项目保持长期管理，政府在土地买卖合同中明文规定具体的目标和宗旨，以及规划和验收程序。尽管开始许多开发商强烈反对政府的这些额外要求，并扬言拒绝投标，但最终几乎都踊跃地参与投标。新的要求是硬性规定，不容选择或商量，却没有危害开发项目。

　　四个案例最大的区别在于沃邦论坛的"边学习边规划"的居民参与。在其他三个项目中，城市将未来居民的加入作为实现发展目标的运转过程的一部分，以此吸引建筑设计开发团队。签订传统的建设开发合同，最后或卖或租给入住居民。而沃邦区虽然政府牵头启动了规划进程，却给予堡乐邦的居民更多的参与机会，制定更高标准、选建筑设计师、指导设计直至管理施工。沃邦区更高的性能，证明居民的更多参与，可能激发出更大的价值和创新。

　　政府扮演的基础开发的角色对项目成功所起的作用不容小觑。它们运用权力和法定权限，承担一切风险力行一套新的综合性可持续方案。四个案例的政府都获得了经济上的回报。尽管没有全面的财务报告，但城市规划官员的非官方报告显示，土地销售所带来的利润，足以支付开发的后续阶段费用。[3] 换言之，社区自己缔造了经济上的可持续发展。

交通系统

　　四个案例都体现了广为人知的综合功能和公交导向开发的原则及价值。每个社区都以公交车或电车的公交系统为开发的基本要素，归纳其特点如下：

　　（1）车站设置在便捷的位置，距离居民区 300~400 m。

　　（2）车次间隔 6~8 min。

　　（3）车站提供雨棚，还有实时车次信息显示。

　　（4）在必要的线路设换乘站。

　　（5）社区车位比例仅为 每单元 0.2~0.8 个。

　　（6）街道设计有交通稳静化措施，街道网络行人及自行车优先。

　　（7）每个案例都是相对精细的街道和街区模式，拥有高频分布的步行捷径。

　　（8）都精心设计了步行环境，并提供自行车专用道和停车处。

（9）实现健康的职住平衡，提供大量综合性功能和服务，使必须出社区的服务需求最小化。

以上措施的净效应使社区内汽车出行率降到欧洲平均值的 50% 以下，而且哈默比湖城仅为 20%，沃邦区为 10%~15%。因此，每年汽车行驶里程（VMT）降了 40%~60%[低于美国平均的 14 000 VMT（14 000 mi 约为 22530 km）一个数量级]。二氧化碳减排的正面影响也很大，达到人均 1.5~2.0 t/a。[4] 虽然生物材料和电动汽车必将是未来低碳策略的一部分，但以行人、自行车、公交系统为主导的社区仍是交通减排最经济实惠的策略。正如汽车保险杠上的贴纸所言："没有一辆汽车能做到像没车那样！"

还有一点被人们忽略了，走路及骑自行车明显增多可以带来潜在的健康收益。各社区尚未有任何量化报告或研究。然而，如果一天 80% 的出行都是步行、自行车或坐公交车，或兼而有之，像沃邦区及哈默比湖城的居民那样，每日的中度锻炼时间还是很可观的。美国疾病预防与控制中心（CDC）指出，每周 150 min（2.5 h）中度运动，例如以 4.8 km/h 速度步行，可以有效降低心脏病、脑卒中、高血压、高胆固醇、2 型糖尿病、代谢综合征、直肠癌、乳腺癌、过度肥胖的发病率。[5] 如果每天因通勤或公务出行四次，每次都包括步行 10 min，那么每周中度锻炼的时间就已超过 4h。这是对这些社区日常出行的保守估计，仍远高于美国 CDC 的推荐量。这一简单的剖析突出了美国 CDC 的环境卫生中心前主任理查德·杰克逊先生所主张的：社区和组团的设计可以在促进更健康的生活方式上发挥显著的作用。[6]

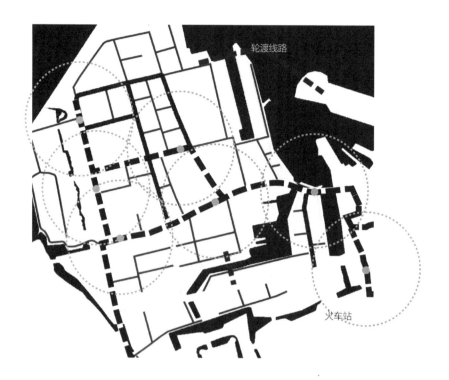

轮渡线路

火车站

图 6.5 Bo01 社区交通系统
该社区距市中心 1.6 km，图中
灰色虚线圈示意以公交车站为
中心，400 m 半径圈内主要交
通线路（制：穆罕默德·穆明）

轻轨站点

图 6.6 哈默比湖城交通系统
该社区距市中心 3.7 km，图中
灰色虚线圈示意以轻轨站点为
中心，400 m 半径圈内主要交
通线路（制图：穆罕默德·穆明）

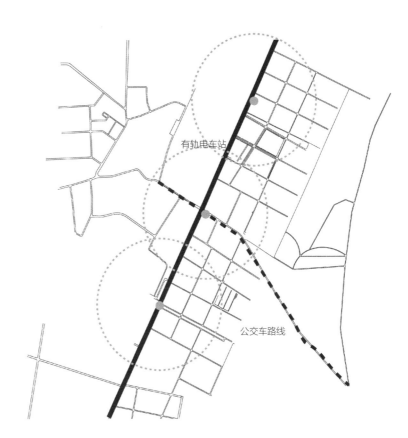

图 6.7 康斯伯格区交通系统
该社区距市中心 8 km，图中灰色
虚线圈示意以公交车站为中心，
400 m 半径圈内主要交通线路
（制图：穆罕默德·穆明）

图 6.8 沃邦区交通系统
该社区距市中心 3.2 km，图中灰
色虚线圈示意以公交车站为中心，
400 m 半径圈内主要交通线路
（制图：穆罕默德·穆明）

城市形态

四个社区的城市形态在很多层面证明了美国倡导的"智能增长"原则。当然，每个区都是从美国"智能增长"理论前身——传统欧洲的紧凑、可步行、公交为导向的综合性社区演变而来的。每个区都有中等城市的密度，从每公顷 85 个单元（Bo01 社区的净值）到 875 个单元（Bo01 社区的旋转大厦的净值），平均每公顷 200~250 个单元（净值）。这一密度支撑着高质量的公交系统。四个区中有三个（哈默比湖城、康斯伯格区、沃邦区）围绕交通主轴形成了紧凑的线形结构。Bo01 社区的公交车网服务于站点，形成了更双向性的城市网格，也就是二维的平面而非线形。

各案例都是以行人及自行车为先，道路和街区相对精细，在街区或绿色公园内有很多步行捷径。各区的功能混合比例健康，有店铺、学校和服务，使职住极大地平衡。这些策略减少了社区外部出行的必要。

街区建筑仍以周边的传统城市街区为本，但各区都经过改造以获得特定的品质：Bo01 社区采用较大块的街区，内外对比强烈——安宁的私密空间和拥有开阔水景的公共空间；哈默比湖城开放了街区的一侧可以看到湖景。康斯伯格区有一系列从封闭到开放的街区，从单侧商业带到更开放的景观边缘；沃邦区用开放的"手指状"街区及其尾端商业，界定了一个不连贯的商业街。街区类型的多样化表明城市街区在因地制宜、产生丰富多样的城市体验方面具有的能力。四个社区采用分割更小的地块销售给不同的设计开发团队的策略，进一步丰富了街区的类型。其结果是现代建筑理念多样化而又可控的表达，类似于历史城市随着时间推移而产生差异那样，获得美感上的不同。同目前建筑设计出版物中激进的街区类型相比，这些街区的差异更小而微妙。四个案例研究证实了采用城市街区类型作为城市建设的稳健型策略，能够容易包容更激进的街区类型。

绿地空间

　　四个社区的不同之处在于城市景观的新兴性，潜在的激进性和功能扩展。不同于偶尔设置口袋公园的城市社区，这四个社区中几乎所有街区都可以直接进入城市景观的扩展部分，只有街区内部的绿色庭院除外。硬景与景观比例同传统城市迥然不同，极大改变了社区给人的认知和感觉。它们的地表 40%~50%（沃邦区高达 70%）是透水性的和绿色的。增加的景观表面积不但美化环境，还带来生态效益：①各种生态湿地和滞留池积存雨水；②极大地增加了城市动植物生境；③树荫和绿色表面改变微气候，减少炎热夏日的热岛效应，冬季提供庇护处；④植被的增加有效改善了空气质量，吸收二氧化碳，重要的是创造了全然不同的嗅觉环境，还为能源制造提供了更多生物量。每个社区都有独特的景观类型，来呼应其周边环境。从社区公园、体育娱乐场地、滑板公园、树林山丘、俯瞰小丘，到英式花园、中规中矩的广场、艺术灵感，还有各种水处理设施，街道中央或边缘配有生态洼地，每个社区都开发了自己独特的景观来呼应其周边环境。Bo01 社区眺望厄勒海峡的大桥水滨处理，已成为城市舒适性的象征；哈默比湖城具有丰富多样景观的湖畔连续可达，是社区的标志；康斯伯格区的林荫小径提供了社区的边界和景观，俯瞰着乡村风景；沃邦区西侧小溪的路径既是入口的序曲，又是去往邻近乡村景观的通路。

　　景观处理并不只局限于地平面：沃邦区许多堡乐邦建筑采用绿荫覆盖的东墙或西墙；Bo01 社区多层次的植被充实着花园、空场和后院；沃邦区的屋顶半数以上是绿色屋顶，起到隔热、减少径流和改善气候的作用。虽然属于新兴应用，但这些社区将城市景观视作活的三维框架，实现了全方位的生态服务和共同利益。

　　城市景观的根本改变在很多层面上是对简单而强烈的需求的设计响应。Bo01 社区和哈默比湖城每个单元在 300 m 之内都可到达绿地，Bo01 社区要求每个项目的总面积的绿地比是 0.5（详见案例分析）。这样的景观设计是当时刚刚兴起的"景观都市主义"[7]的先驱。这些社区显示了城市景观能如何完全改变城市的感官体验，不仅对能源、二氧化碳排放及气候，更重要的是，对人身心健康具有良好影响。

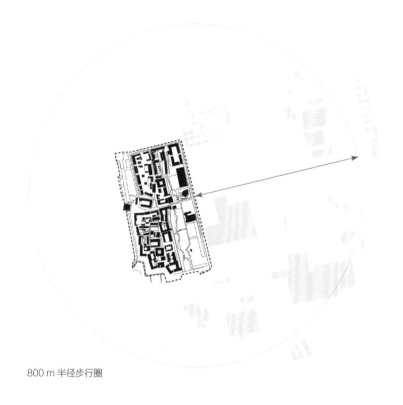

面积：	22 hm²
人口（规划）：	2352 人
居住单元数量：	1567 套
密度（总计）：	71 套 / hm²
车辆停放率：	0.5
用地面积比例：建筑	21%
路面与停车用地	9%
绿地	32%
水体	28%
其他	10%
工作岗位（800 m 内）：	6505 个
住房（单元）：	2352 套
工作岗位与住房比：	2.77

800 m 半径步行圈

图 6.9 Bo01 社区 的 对 比 平 面 图 [制 图 : 娜 塔 莉 亚 · 埃 切 韦 里 (Natalia Echeverri)]

面积：	200 hm²
人口（规划）：	2000 人
居住单元数量：	11 000 套
密度（总计）：	55 套 / hm²
车辆停放率：	0.7
用地面积比例：建筑	15%
路面与停车用地	8%
绿地	45%
水体	22%
其他	10%
居住用地：	1 080 000 m²
商业用地：	200 000 m²
工作岗位（800 m 内）：	5193 个
住房（单元）：	11 000 套
工作 / 住房比：	0.47

800 m 半径步行圈

图 6.10 哈默比湖城的对比平面图（制图：娜塔莉亚·埃切韦里）

面积：	70 hm²
人口（规划）：	6600 人
居住单元数量：	3000 套
密度（总计）：	42 套 / hm²
车辆停放率：	0.8
用地面积比例：建筑	18%
街道与停车用地	16%
绿地	64%
水体	2%
居住用地：	240 000 m²
商业用地：	23 000 m²
工作岗位（800 m 内）	2000 个
住房（单元）：	3000 套
工作 / 住房比：	0.67

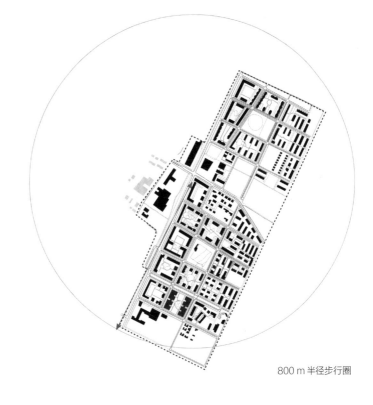

800 m 半径步行圈

图 6.11 康斯伯格区的对比平面图
（制图：娜塔莉亚·埃切韦里）

面积：	34 hm²
人口（规划）：	5000 ~ 6000 人
居住单元数量：	3000 套
密度（总计）：	53 套 / hm²
车辆停放率：	0.2
用地面积比例：建筑	19%
街道与停车用地	11%
绿地	68%
水体	2%
居住用地：	179 800 m²
商业用地：	40 800 m²
工作岗位（800 m 内）	600 个
住房（单元）：	1793 套
工作 / 住房比：	0.33

800 m 半径步行圈

图 6.12 沃邦区的对比平面图（制图：
娜塔莉亚·埃切韦里）

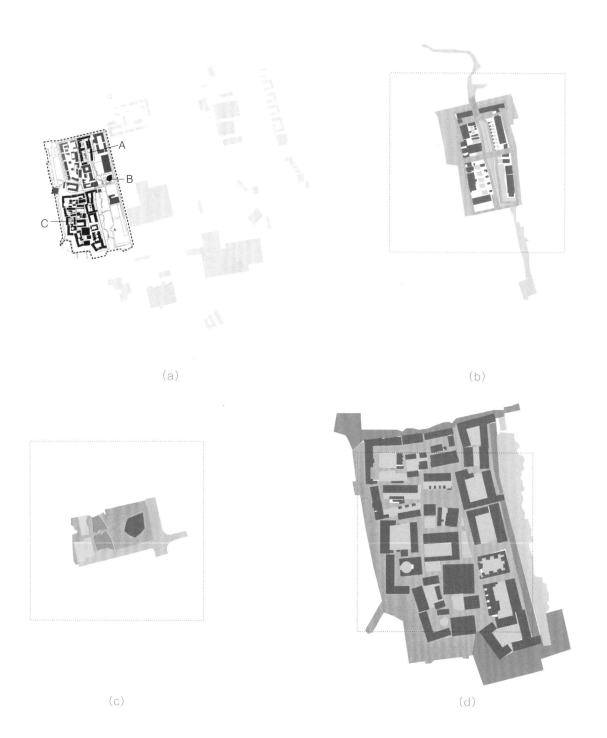

图 6.13 Bo01 社区街区规划示例（制图：南希·纳姆，数据来源：哈里森·弗雷克）
（a）—Bo01 社区街区规划示例区位图；（b）—Bo01 社区街区规划示例 A：街区面积 10 004 m²，81 个单元，密度 81 个单元 / hm²；（c）—Bo01 社区街区规划示例 B：街区面积 3600 m²，388 个单元，密度 1078 个单元 / hm²；（d）—Bo01 社区街区规划示例 C：街区面积 48 995 m²，714 个单元，密度 146 个单元 / hm²。

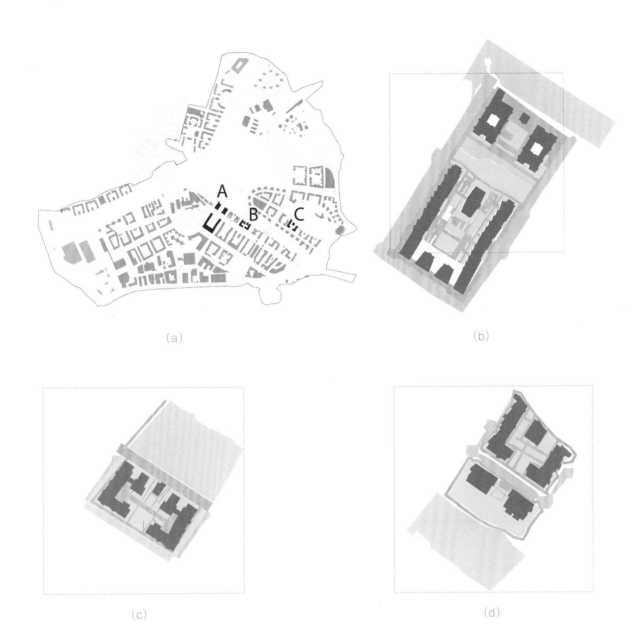

图 6.14 哈默比湖城街区规划示例（制图: 南希·纳姆, 数据来源: 哈里森·弗雷克）
（a）—哈默比湖城的街区规划示例区位图;（b）—哈默比湖城街区规划示例 A: 街区面积 14524 m², 288 个单元, 密度 198 个单元 / hm²;（c）—哈默比湖城街区规划示例 B : 街区面积 3321 m², 101 个单元, 密度 304 个单元 / hm²;（d）—哈默比湖城 街区规划示例 C : 街区面积 4226 m², 111 个单元, 密度 263 个单元 / hm²。

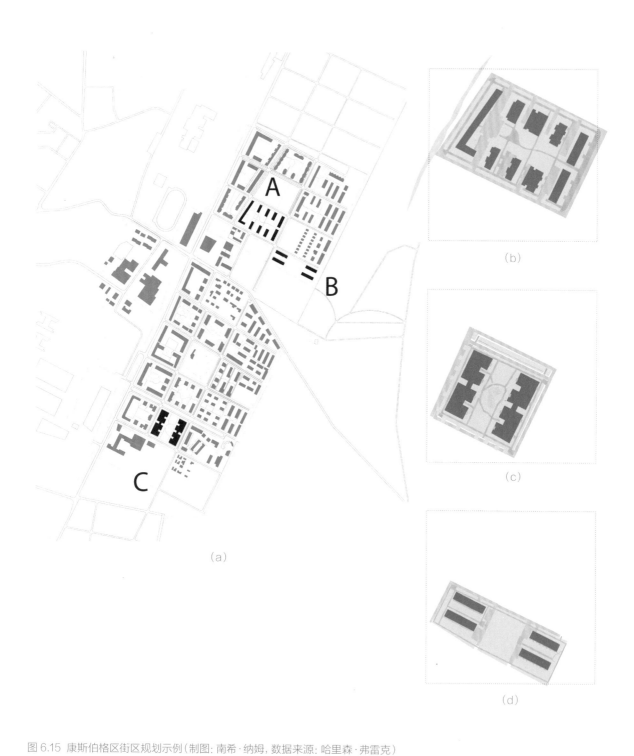

图 6.15 康斯伯格区街区规划示例（制图: 南希·纳姆, 数据来源: 哈里森·弗雷克）

（a）—康斯伯格区的街区规划示例区位图；（b）—康斯伯格区街区规划示例 A: 街区面积 15261 m², 388 个单元, 密度 254 个单元 / hm²；（c）—康斯伯格区街区规划示例 B：街区面积 7139 m², 64 个单元, 密度 90 个单元 / hm²；（d）—康斯伯格区街区规划示例 C：街区面积 10 000 m², 245 个单元, 密度 245 个单元 / hm²。

(a)

(b)

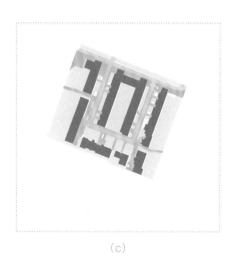

(c)

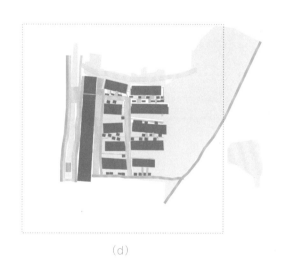

(d)

图 6.16 沃邦区街区规划示例（制图: 南希·纳姆, 数据来源: 哈里森·弗雷克）

（a）—沃邦区的街区规划示例区位图；（b）—沃邦区街区规划示例 A：街区面积 7296 m²，120 个单元，密度 164 个单元 / hm²；（c）—沃邦区街区规划示例 B：街区面积 12308 m²，396 个单元，密度 321 个单元 / hm²；（d）—沃邦区街区规划示例 C：街区面积 10226 m²，267 个单元，密度 261 个单元 / hm²。

图 6.17 Bo01 社区剖面图
[制图：布赖恩·钱伯斯
（Brian Chambers）]

图 6.18 哈默比湖城的剖面
图（制图：穆罕默德·穆明）

图 6.19 康斯伯格区剖面
图 [迪帕克·索汗（制图：
Deepak Sohane）]

图 6.20 沃邦区剖面图（制
图：穆罕默德·穆明）

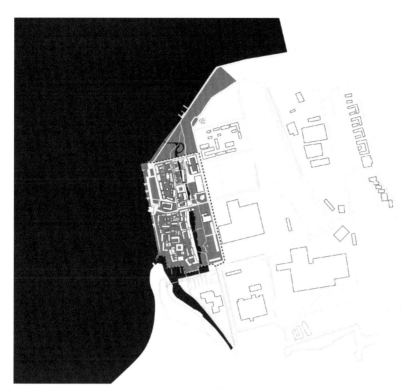

图 6.21　Bo01 社区的绿地平面图（制图：穆罕默德·穆明）

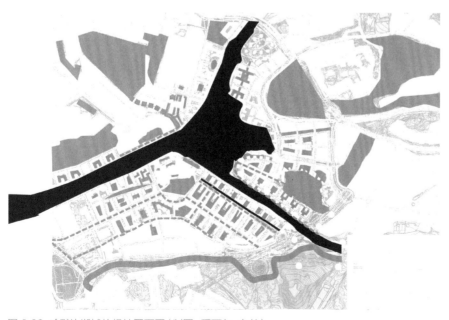

图 6.22　哈默比湖城的绿地平面图（制图：爱丽尔·乌兹）

图 6.23 康斯伯格区的绿地平面图
（制图：穆罕默德·穆明）

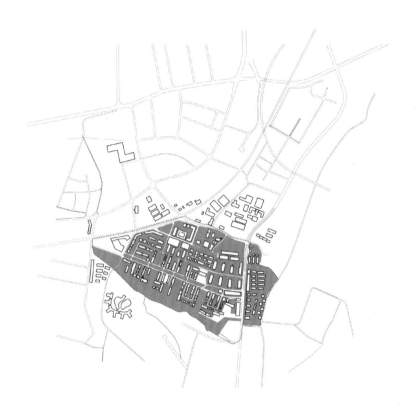

图 6.24 沃邦区的绿地平面图
（制图：穆罕默德·穆明）

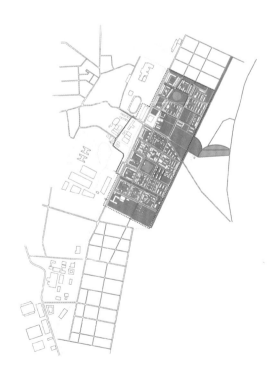

接近大自然对健康的益处是老生常谈，重要性却鲜有人研究。2005年，著名的牛津大学刊物《国际健康促进》发表了一篇经同行评审的多作者文章，名为《健康的自然与健康的人："接触自然"作为促进人群健康的上游干预》。[8]文章总结了通过文献检索得到的经验、理论和轶事证据。调查后，作者的结论是："经验、理论和轶事证据都证明接近自然在血压和胆固醇、人生观及减压方面都有积极影响"，从而促进身心健康。这一发现很有说服力，使这些研究者呼吁"接触自然"应该成为健康策略、"公园应被视为一种基本的健康资源"。[9]他们更进一步提出"个人和群体因接触自然获得的益处包括生理、心理、社会、环境及经济上的。在人类身心健康方面，自然可以被视为一种未被充分利用的公共资源，公园和自然环境是促进人类健康的潜在金矿"。[10]

无论四个案例的规划者是否了解此项研究，居民们都直觉地认定城市景观的扩大化是一种隐藏的实力，具备让这些社区与众不同而令人向往的品质。或许他们尚未意识到这种微妙的能量对健康的益处，但他们能感受到不同。正是城市景观使四个社区获得了独有的特征，"风格"——克莱斯勒汽车广告中想到的特殊品质——使可持续发展建设成为愉悦而有价值的。对于社区的居民，没必要去了解景观在全系统设计中的扩展作用，设计品质高就够了。

能源系统

能源系统可以分两部分来解释："需求"部分，即所有能源负担；及"供应"部分，即能源如何运送到所需处。

缩减能源需求

普遍认为，要想提高再生能源在能源结构中所占比例，必须首先力行建筑节能措施，以降低能源需求。换言之，低能源需求即等于高再生能源供应百分比。当然，如果本地有丰富的再生资源或组合型资源，如同Bo01社区那样，情况与这一理论就是相矛盾的。尽管报告显示的住户能源需求在四区中最高，Bo01社区却依靠风力发电加地下水源热泵成为唯一的一个100%使用再生能源的社区。

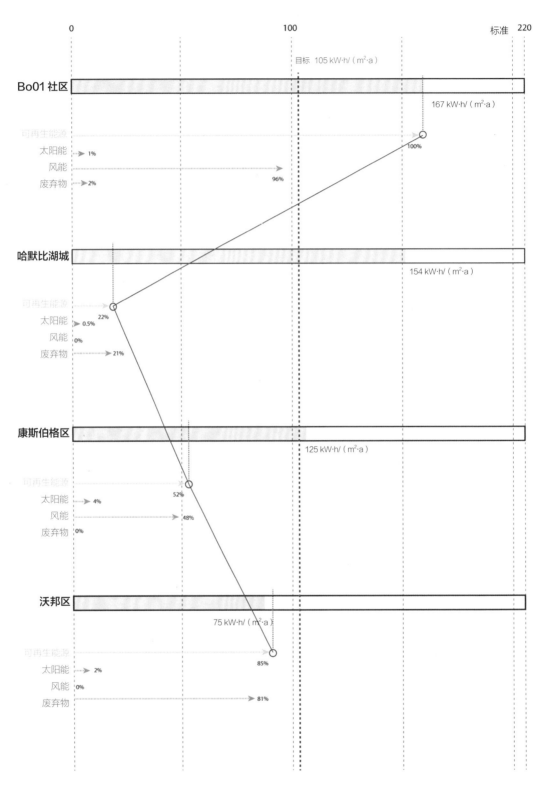

图 6.25 可再生能源供给百分比对比图（制图：南希·纳姆）

　　抛开这个特例，降低能源需求仍是提高本地再生能源比重的捷径。这是案例研究为探求到底能源需求要降低多少才能提高再生能源比例，首次给出了真实的参照值、真实的性能数据。如在能源需求最少的沃邦区，使用太阳能光伏发电与燃烧木屑的垃圾焚烧发电厂结合，几乎 100% 满足了能源需求。

　　在建筑节能方面，高质量的建设带来的优质的保温层和窗户、低空气渗透性是公认的第一步。沃邦区证明，使用被动式太阳能、自然通风、固定及移动式的季节性植被遮阴设计策略的气候响应型建筑也是实现最低能源需求所必需的（参见第 5 章能源系统部分介绍的零能耗和正能耗堡乐邦）。沃邦区通过邀请屋主直接参与设计和建设过程，最终保证了施工质量和居民节能的行为，从而分别超过了指标的 60 kW · h/（m^2 · a）、30 kW · h/（m^2 · a），及 15 kW · h/（m^2 · a）（被动式房）。康斯伯格区通过培训承建商、详细规定各类标准、严格验收、普及教育居民，以及签发房屋使用证之前做鼓风门测试，达到了 55 kW · h/（m^2 · a）的供热指标。Bo01 社区及哈默比湖城未能达到 60 kW · h/（m^2 · a）的指标，主要原因是施工缺陷、玻璃过多、建筑朝向及居民使用习惯的问题。

　　用电能效未能得到和供暖相同的重视，可能因为这些社区都地处寒冷地区，有约 6000 采暖度日数（累计度数）。三个社区的用电量超出目标：Bo01 社区，实际 49.3 kW · h/（m^2 · a）对比指标 38.6 kW · h/（m^2 · a）；哈默比湖城，实际 46 kW · h/（m^2 · a）对比指标 35 kW · h/（m^2 · a）；康斯伯格区，实际 30 kW · h/（m^2 · a）对比指标 22 kW · h/（m^2 · a）（尚无沃邦区数据）。

　　用电需求量仍是有待解决的节能突破点。虽然更节能的灯（LED）、电器、电脑有望从技术上降低需求，但是改变用户使用习惯也至关重要。表现最好的康斯伯格区采取了最为广泛的措施去影响用户行为：为节能灯和节能电器提供补贴，以及广泛的居民教育。可惜，报告显示只有少数居民利用了这些激励措施，所以他们没有达到目标。

遥感器网络及实时性能反馈概念，就像日本丰田普锐斯的仪表盘概念那样，有望通过使人的行为更加智能化，进一步减少实际使用能耗。

虽然四个案例中有三个总能源需求超出目标，其平均总用量约 125 kW · h/（m² · a），仍然仅是当时标准值的大约一半，也是目前美国相似气候地区的一半多。能源需求量减到一半成果显著，但更重要的是有些节能超常的表现：康斯伯格区的被动式房屋［15 kW · h/（m² · a）］，沃邦区的零能耗被动式公寓楼，以及沃邦区的正能耗开发。

这些建筑的表现说明，在 6000 采暖度日数的寒冷地区，供暖能耗指标定在 15~25 kW · h/（m² · a），是切实可行的。配合更高效且可行的用电需求量指标 20~25 kW · h/（m² · a），那么总能源消耗将是 35~50 kW · h/（m² · a），包括烹饪及热水。这个指标是合理而经济的。瑞典目前的标准是 45 kW · h/（m² · a）[11]，可作为参考。在四个案例研究中，能源需求降低一半，使本地再生能源即使不能全部满足能源需求，也能大部分满足。

再生能源的供应

四个案例都在社区规模下采用了混合的再生能源供应：

（1）Bo01 社区：风能加地热能（地源—海水源热泵加太阳能）。

（2）哈默比湖城：三种类型的垃圾产能系统，包括可燃废弃物热电联产配合太阳能（有限）系统。

（3）康斯伯格区：风能、太阳能（有限）及天然气热电联产系统。

（4）沃邦区：太阳能及垃圾产能（木屑）热电联产系统。

其中三个区都使用了废弃物热电联产同时供应区域电力及热水。

如同丰田普锐斯的"引擎盖下的魔法"秘诀在于油电混合动力系统，从制动系统回收动能，系统的集成混合使再生能源占能源结构的高比例。

（1）Bo01 社区：100% 由再生能源供应。尽管实际测量的总能耗超出指标，他们的一台 2MW 的风力发电机为 1000 多个住宅单元和地源—海水源热泵提供所有电力，热泵加上有限的太阳能辅助，满足供暖及制冷。

（2）沃邦区：80%~90% 再生能源，部分地区为 15% 以上再生能源。使用废木屑的热电联产满足了区域 100% 供暖需求和 60% 的电力需求。1200 m² 的太阳能光伏板负担了 15% 的电力需求，即总能源需求的 4%。剩下 25% 的电力，即 7% 的总能源需求，由天然气供应。

（3）康斯伯格区：52% 再生能源。热电联产满足区域供暖的全部需求，两个 2MW 的风力发电机供应 10% 的电力。在这种风力和热电联产的组合中，天然气是初级的供暖和备用电力。

（4）哈默比湖城：22% 再生能源。在太阳能不足、没有风力和地热的情况下，哈默比湖城充分优化了垃圾产能系统。利用可燃废物进行热电联产，利用污泥生产沼气用于烹饪，同时回收污水进行处理产生的热能用于供暖。

四个社区展示了所有有效利用再生能源的方法，证明再生能源满足相当大比例的能源需求是可行的。矛盾的是，再生能源供应比例最低的社区

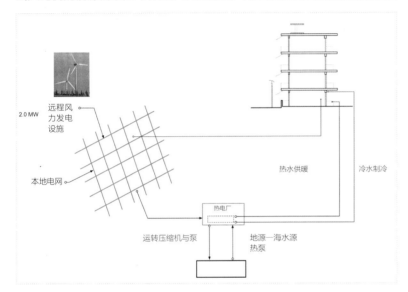

图 6.26 Bo01 社区再生能源示意
能耗指标为 105 kW·h/（m²·a），实测值为 167 kW·h/（m²·a）。100% 为可再生能源（1% 太阳能，99% 风能，0 垃圾产能）[制图：娜塔莉亚·埃切韦里，数据来源：（Formas Swedish Research Council for Environment, Agricultural Sciences and Spatial Planning）]

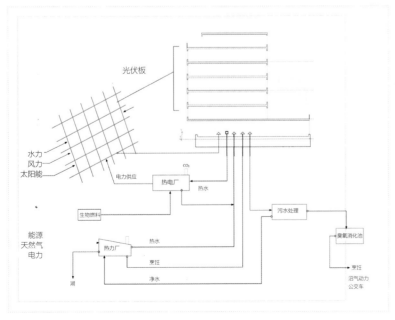

图 6.27 哈默比湖城再生能源示意
能耗指标为 105 kW·h/（m²·a），实测值为 154 kW·h/（m²·a）。21.5% 为可再生能源（0.5% 太阳能，0 风能，21% 垃圾产能）。（制图：娜塔莉亚·埃切韦里，数据来源：GlashusEtt, City of Stockholm）

图 6.28 康斯伯格区再生能源示意
能耗指标为 105 kW·h/(m²·a)，实测值为 125 kW·h/(m²·a)。52% 为可再生能源（4% 太阳能，48% 风能，0 垃圾产能）。（制图：娜塔莉亚·埃切韦里，数据来源：卡林·隆明，《汉诺威康斯伯格手册》）

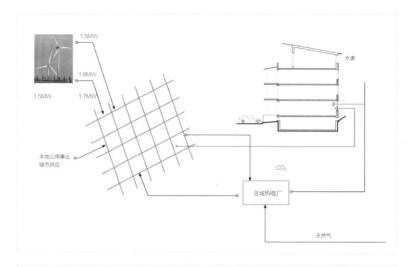

图 6.29 沃邦区再生能源示意
能耗指标为 105 kW·h/(m².a)，报告实测值为 75 kW·h/(m²·a)。85% 为可再生能源 [4% 太阳能，0 风能，81% 垃圾产能（木屑）]。[制图：娜塔莉亚·埃切韦里，数据来源：2009 年弗莱堡的沃邦地区协会发行的汉内斯·林克（Hannes Linck）的《沃邦区导览手册》]

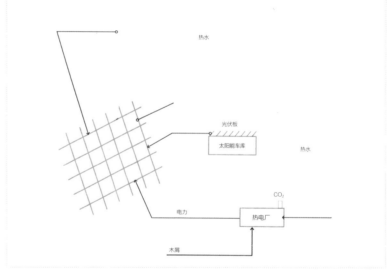

（哈默比湖城，22%）可能找到了在风能、太阳能或地热能不能满足的情况下，填补再生能源空缺的秘密。通过不扔掉垃圾，而是利用它的能源潜力，证明其可作为第四类再生能源的价值。沃邦区热电联产燃烧废木屑，也表明了垃圾作为能源的价值。另外，小型的试点生物沼气池项目，利用污泥和食品垃圾生产沼气，用于烹饪，表明了有机垃圾的能源价值。因为垃圾流从城市和社区源源不断地被制造出来，可以被重新考虑作为首要的可再生能源。所有形式的可燃垃圾可以用作垃圾产能发电的首要燃料源。通过污泥、有机食物垃圾和园林垃圾产生的生物沼气可以作为垃圾产能和烹饪的补充燃料来源。当垃圾作为一种可再生能源来源被重新思考时，它突然成为城市的一种积极的资源，而不再是需要转移和倾倒的巨大费用负担。

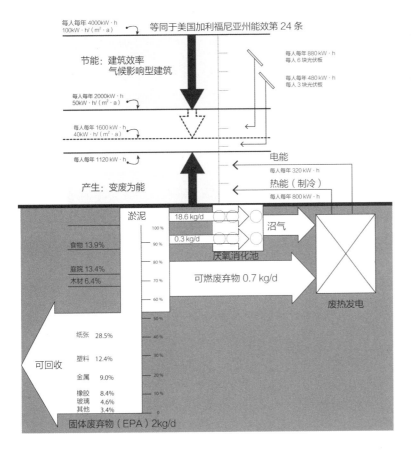

图 6.30　节能与产能示意（效率和废物产能加太阳能）（制图：南希·纳姆）

　　四个研究案例共同为社区逐渐实现零到正能量运转，并接近二氧化碳零排放提出了一个前景广阔的模式。等式很简单。首先，使用一整套建筑能效策略和气候响应型建筑设计，将总能源需求降低到 40~50 kW·h/（m²·a）（如案例研究所述）。在这样一个能源需求水平上，从本地垃圾流产生的能源［居住区大约 30 kW·h/（m²·a）］几乎足以满足需求。只需要少量的风能、太阳能或地热能（如果具备）即可达到 100% 的可再生能源供应。废物产能、风力发电和太阳能发电的综合的多种组合，为优化每个系统的规模和费用创造了机会，也平衡了每种再生资源的使用和时机。社区用这种方式调动最佳的自然和垃圾资源混合供能，形成了它独立的微型公用事业。这样的整体系统为公用事业提供了新的技术和商业模式。

水处理系统

四个社区都鼓励使用节水马桶和节水装置，并以广泛的居民教育，宣传节水的价值作为支持。关于实际用水量很少有确切数据报告，但可以估计远低于瑞典及德国的城市平均用水量，即每人每天用水量少于 200 L，或每人每天用水量少于 189 L（50 加仑）。雨水收集再利用的方式并未普及。只有有限地应用于冲厕（沃邦区）和景观灌溉（沃邦区和哈默比湖城）。

四个社区的雨水处理和滞留是城市景观设计的主要特点。康斯伯格区及沃邦区在街道设置了开放式的干洼地，让雨水径流得以舒缓和净化，并自然排放。哈默比湖城及 Bo01 社区采用线形滞留池，在排向湖泊和海峡之前，净化和滞留雨水径流。一旦降雨，系统立刻活跃起来，一路欢快地为街道及公园献上潺潺水声。城市景观展示了它被抑制的功能之一，即回收并消化雨水，不再急于通过管道运走。新的雨水系统丰富了每个区公共空间的感官体验。

垃圾处理

城市废弃物有许多种，以下仅探讨主要的三种。

固体垃圾

四个社区对回收固体垃圾都有广泛的规定。回收点遍布各区。居民从源头上将玻璃、金属（易拉罐）、报纸、塑料进行分类，社区在方便的位置设了收取站点。哈默比湖城还在建筑和社区站点安装了真空滑道系统，将回收物送到一个固定点，再集体收取，从而减少了传统垃圾收集产生的二氧化碳排放和污染。Bo01 社区及哈默比湖城都收集可燃废物产能。Bo01 社区的产量没有计算到再生能源等式里，但哈默比湖城的产量占总量的主要部分。

废水（污水）

哈默比湖城的城市处理工厂收集废水中的污泥，转化为烹饪及城市公交车所用的沼气。Bo01 社区的污泥也在马尔默市生物沼气池里被消化，但同燃烧废物一样，未被计算在能源平衡等式里。

有机废物（食物垃圾）

如案例分析中所述，哈默比湖城及康斯伯格区都用有机的食物垃圾堆肥。相比之下，Bo01 社区有两个试点项目收集社区有机食物的垃圾，但因垃圾流没有达到足够的纯度以继续进行而失败。而沃邦区的一个堡乐邦成功混合下水道废水和食物垃圾，在沼气池里制造出了沼气。如前所述，哈默比湖城最清楚地展示了垃圾（可燃垃圾及污泥）制造再生能源的价值。虽然 Bo01 社区收集足够纯度的有机食物垃圾进行厌氧消化存在问题，沃邦区及全球其他地区沼气池的成功，证明了可以将有机食物垃圾、污泥及绿色垃圾加入废物产能的行列中。瑞典、丹麦和其他斯堪的纳维亚国家 * 都认识到这一点，并发展出了收集它们的技术和惯例。

哈默比湖城的案例分析明确给出利用社区垃圾产能的基准，即每人每年 30 kW·h，能提供能源供应的 20%~50%。

检验四个社区一体化系统的表现，证明 100% 使用再生资源，零碳运营是一个合理的目标。这是通过系统的集成来实现的，它能够跨系统收集潜在资源，而这是当前各自独立的系统所缺失的。同样明确的是，还有很多机会实现更大的一体化系统，尤其是如何获取有机垃圾中的资源，如食物垃圾、污泥及绿色垃圾，这在案例研究中还只是试点。这是最简单的"闭环"模式：一个系统的废物就是另一个系统的资源。同任何一次思维模式转变一样，最大的挑战不仅是设计新技术系统，还有改变现行的投资结构。

社会议程

四个社区都具有社会可持续性的基本潜质。它们都不是单一用途的"卧室社区"或孤立的公共住宅项目，而全部是综合性的，在某种程度上的多种收入阶层的社区。康斯伯格区及沃邦区都成功地提供了大部分经济型住房（占 80% 以上）。Bo01 社区及哈默比湖城实现的是中等及中上等收入住房的低碳运营；而康斯伯格区及沃邦区身体力行地探讨了住区设置大量可承受住房的可行性。

便利购物、学校及全套社会和娱乐服务，都规定设置在方便的步行范围之内，由此提供了非正式的社交机会。邻里之间在日常生活中，就渐渐地熟络起来了。更频繁地骑自行车、走路、使用公共交通、就近出入公园，增加

---

* 译者注：斯堪的纳维亚国家一般指北欧五国，即瑞典、丹麦、芬兰、挪威和冰岛。

了非正式交流的机会。除了购物便捷外，一系列完整的社会服务系统，包括学校，也是同等重要的。医疗设施、艺术和社区中心、养老服务、社区活动室及本地图书馆，都为有共同兴趣的居民提供了直接联系的渠道。邻里交往让人在比私人生活更广大的社区里找到了归属感，是社会健康和福利的关键。

在四个案例中，开发过程中的一些要素在促进社会的可持续发展上起了主要的作用。公共教育主要致力于可持续发展的生活——在开发过程中，从早期居民入住时持续宣传，直至今日——创造了一种对新生和特别事物的归属感。负责这些活动的机构设在现场，成为居民参与的中心。Bo01社区是通过一系列城市举措，包括：① 系列讲座；② 普及教育，开展可持续发展社会的学科教学；③ 面向学龄儿童的"气候－X"节目；④ 一个解决"我们该如何生活？"问题的项目，来自欧洲公民教育协会。在哈默比湖城，本地的温室（瑞典语：GlashusEtt）提供了信息和活动中心。汉诺威的市政府成立了康斯伯格环境联络处（KUKA），专门负责促进社区生态开发。他们进行公关，组织导览，提供信息、技能建设，组织承建商生态建筑培训，以及社区居民公共教育。沃邦区的沃邦论坛负责组织及促进居民参与设计过程，堡乐邦的自主建造让居民直接参与设计、建设他们自己的家园。正是开发过程中的种种努力，演变为支持多种活动的持续性社区组织，帮助社区创建了社会可持续发展性。

社会科学认定，想获得更健康和幸福的生活的关键，首先是与爱人、家人、朋友的联系，其次就是要归属于一个支持性的社会关系网。如前所述，社区的空间组织、物质生活的质量及感官的丰富是可以带来与众不同的感觉，但社会氛围、社区组织及定期举行的社区活动对创建社区感受也同等重要。案例分析表明，营造社区意识的具体措施可以包括明确建立可持续发展社区的目标，让居民参与实现目标的过程。这不是开发商将品牌名称或一个任意的主题安在社区上的情况，是开发过程本身让这个社区在人们的日常生活中真实、有意义。居民们在更深层次上感受到自己是被认可的"游戏玩家"。最后，这是"人类组织的伟大影响"[12]的证明，它支持着社区，运行和维护着系统。如果没有居民的关注、评价和踊跃参与，未来实现既丰富又低碳的城市的可能性是非常有限的。

韧性

四个社区的设计都是以减排为重要目标，都没有考虑到韧性。只有 Bo01

社区采取了适应气候的举措——根据预测的海平线上升，将地面升高了。尽管如此，四个社区通过简单调整系统组织和运作方式，作为实现韧性要求的策略。

Bo01 社区和哈默比湖城利用电厂生产热水（Bo01 社区使用的是热泵，哈默比湖城用的是热电联产），先输送到全市区域统一供暖系统，再输送到每家每户。而沃邦区和康斯伯格区用热电联产生产的热水直接送到本地区域供暖系统，完全不受城市供暖系统故障的影响，韧性明显增强。

在四个社区，利用本地再生资源（Bo01 社区和康斯伯格区的风能、沃邦区的太阳能和哈默比湖城的垃圾产能）自产的电能先输送到城市电网，而后再供应正常计费的用户。但这不是唯一的方案。本地再生能源可直接供应本地"智能电网"，输送到用户，同时以虚拟年度电力净值的方式连接公共基础设施电网作为能源备用（见第 7 章对加利福尼亚州戴维斯市西村的论述）。这是电力公用事业的另一种模式，不是由大型的全市电网供应用户，而是自给自足的社区或区域"智能电网"，让地区公共事业电网作为总体框架及备用。概念上，提供了一个中间尺度。当同本地热电联产结合时，提供了增量和分布式的韧性，因为热电联产可以消化掉本地风力和太阳能的间歇性供应。同本地区域热水供暖一样，社区的微电网可以免受地区或城市电网故障的影响。

显然，重新思考电网的组织、建造及运作将会引发很多问题，需要评估，像区域社区微电网该归属于谁，运作、维修又该谁负责。虽然供电结构的改革乍看很激进，实际上在一些企业和大学校园早已经在使用自己的微电网。这些系统的优势很有前景，因为中间级微电网可以与热电联产结合，提供了再生能源，同时避免受地区市政电网故障的影响。值得注意的是，本地的热电联产提供了双向韧性保障：提供本地再生能源的平衡及备份，又可设计成为地区市政电网的备用网。社区级的微电网概念有望成为综合利用再生能源的重要手段，同时为整个综合一体化系统提供更好的韧性。

这种方式同样适用于水处理和垃圾处理。尽管四个社区都净化并储存雨水，然后返回大自然，却都没有再利用雨水。自然及混合动力工程系统的存在使现场处理雨水及污水完全可行。"量身定制"雨水的再利用，从而减少用水需求。沃邦区的试验项目证明，可以及时回收有机垃圾和污泥，在本地进行消化生产沼气作为能源供应给用户。因而，本地的水及垃圾处理都可以整合到社区整体系统设计中，成为再生资源，提高本地的韧性。

尽管四个社区都没有考虑韧性，但很明显，作为第一代综合一体化系统其自有的潜力，已经为在社区层面上增强韧性指明了方向。

注释

1. 引自新闻稿 "William J. Clinton Foundation and US Green Building Council, 'Clinton Climate Initiative to Demonstrate Model for Sustainable Urban Growth with Projects in Ten Countries on Six Continents', May 18, 2009."。

2. C40 城市气候领导小组的可持续社区倡议范围内的气候积极发展计划（Climate Positive Development Program）。

3. 出自作者 2008 年 12 月在瑞典马尔默对 Bo01 社区规划师（Eva Dahlman）以及 2009 年 3 月在瑞典斯德哥尔摩对哈默比湖城规划师马林·奥尔森（Malin Olsson）的采访。

4. 作者的计算。

5. 引自 "US Centers for Disease Control and Prevention, 'How Much Physical Activity Do You Need?,' http://www.cdc.gov/physicalactivity/everyone/guidelines/index.html."（访问时间 2012-7-5）。

6. 引自 "Jackson J. Richard, Designing Healthy Communities, San Francisco: Jossey-Bass, 2012."。

7. 虽然"景观都市主义"的前身最早可以追溯到 1994 年的一篇学生论文，但一般来说，普遍认为"景观都市主义"这一理论起源于宾夕法尼亚大学设计学院的詹姆斯科纳（James Corner）等人。1997 年，格雷厄姆基金会举办了名为"景观都市主义"的研讨会，随后，查尔斯·瓦尔德海姆（Charles Waldheim）于 2006 年在普林斯顿建筑出版社出版了著作《景观都市主义》。

8. 引自 "Maller Cecily et al., Healthy Nature Healthy People: 'Contact with Nature' as an Upstream Health Promotion Intervention for Populations, Health Promotions International 21, no. 1 (March 2006): 45–54, http:// heapro.oxfordjournals.org/content/21/1/45.full.pdf+html."（访问时间 2012-8-8）。

9. 同上：第 51 页。

10. 同上：第 52 页。

11. 引自 "Reported to the author by the Lund City Planning Office, Lund, Sweden, May 2012."。

12. 引自 "Dodd Melanie, Overview //Esther Charlesworth, Rob Adams. The EcoEdge: Urgent Design Challenges in Building Sustainable Cities, New York: Routledge, 2011: 10."。

7

美国乃至世界城市的未来之路

美国城市史一路曲折走过了几百年，编织成复杂多样的挂毯图案。最初，大部分城市在国家水路的重要港口兴建，因为水路是当时最快捷高效的交通、运输方式。随着商贸活动的频繁及人口的增长，城市经历了数次极度扩张。城市的形状很大程度上取决于运输技术的最新进展。[1]城市最初相对紧凑密集，市民围绕着港口生活，城市边界由步行、马匹和马车的交通范围而定。外围基本是农田，地区间的交通依靠骑马和马拉的客、货车。19 世纪初到中叶，随着铁路的兴建，商贸及早期工业不仅兴建于港口，也兴建于铁轨沿线、铁路调度场及货站附近。铁路带来了第一阶段的郊区扩张——富人开始脱离喧嚣拥挤的城市中心。那个时代带来了城市近 80 年突飞猛进的发展，大量建设围绕着街车——从1852 年的马拉车，到 1890—1930 年的有轨电车。今天，几乎所有大城市都有当年有轨电车发展时期遗留下来的大量社区。[2]

过去（和现在）的街车的线路取决于街道和街区的网格图案，通常是指南针型走向——或南北向，或东西向。电车轨道都铺设在宽阔的主干道上，从住宅单元步行 5 ~ 10 min 能到达车站。综合性商业沿着电车轨道或在车站十字路口处发展起来，站点通常间隔约 0.8 km。街区细分为小地块，15.24 m×30.48 m，提供每公顷 15~30 栋的独立住宅。适度的人口密度保证了电车车票低廉而不亏损所需的客流。[3]

当时各市政府与房地产开发商的关系是五花八门。有些地方是开发商自行建造并运营有轨电车，否则建好的房子无人购买。有些地方是市政府建造并运营电车（开发商赞助），以吸引开发商及居民。有些市政府建设了远超基础标准的街道、公共设施及公交系统，吸引人们迁入本市。城市通过创造性的公私合作关系，兴建了公园网络体系，包括把洼地改建为有湖泊、溪流的公园，比如明尼阿波利斯—圣保罗的环形风景路和波士顿的绿宝石项链公园带。而且，市政府的区域规划也囊括了社区学校及教堂，都是为了提供便利以吸引潜在的新住户。那个时代是工业大城市的鼎盛时期。它为所有市民提供了工作岗位、住房、学校、便利设施和日用设施。[4]

20 世纪初期，汽车的出现彻底改变了城市面貌。汽车实现了美国人期待已久的随时随地自由出行。从早期到 20 世纪 30 年代，汽车的影响相对较小。当时，农村人必需开汽车或卡车去区域服务中心。城里人周末开车逍遥——许多美国早期的大路都是沿着风景区建的景观路，如康涅狄格州的梅利特景观道及芝加哥的湖滨路。汽车也让人可以自驾到不通电车或铁路的郊区，开发商转而远离城市和铁路沿线，到地价低的地方大兴土木。这些郊区开发商无须建设或赞助有轨电车线路来吸引购房者，由此宣告了有轨电车时代的结束及郊区扩张的开始。

众所周知，二战后的郊区开始急速扩张，蓬勃发展了 60 年，现在仍是城市开发的主导模式。大片低价的城市周边土地、新出台的单一用途区域规划法、战后新兴阶层买房实现"美国梦"的欲望，大力推动了这一模式，各级政府为低息贷款和抵押贷款利息减免所得税，使贷款机构不得不积极投资民宅建设及融资公路建设。1956 年的《联邦补贴高速公路法案》使铺设美国城市内、外、穿行及连接城市之间的高速公路，获得了资金，这一"高速公路时代"[5]很快重塑了城市的组成部分，彻底改变了城区的结构。

随着高速公路系统的完善，路网上的任何位置都可轻松到达，进而分散了城市功能，可以只进行单一用途的开发。房地产开发商、大企业、工厂、制造商及零售商看准时机，在各主要城市周边的高速公路路口，兴建了大片的购物中心、商业街、办公园区、汽车购物中心、医疗中心、郊区居住区、移动办公室及仓储园区。在这种区域性生活方式下，人们不必住在工作单位附近，而是住在一个地方，工作在另一个地方，购物到第三个地方。汽车不再是奢侈品或娱乐工具，而变成了生活必需品。

20世纪70年代至90年代，边远郊区提供的商品和服务价值（国内生产总值）与中心城市及其商业中心提供的价值是相等的。那些扩张的巨大区域很快吞并了周边城市，建立起郊区副中心，争先恐后地进行房地产开发和销售。这强烈冲击了原来的工业密集型大都市。大片的沿岸工业区连同仓库和工厂被弃之不用，败给了成本低廉的郊区平房和卡车业务。被淘汰的命运也同样降临到铁路沿线和港口的大片工厂及仓库身上。同时，工作岗位流失，使低收入社区的失业更严重，将人们进一步推向贫困，犯罪率急剧上升。那些20世纪60年代经历了早期所谓的"城市更新"项目的地区反倒比之前更加衰败。

当然，在郊区扩张的高峰时期，有些开发商反其道而行，杀回市区，让市区重拾魅力。同时，各大城市的郊区扩张带来高速公路堵车的现象，甚至出现交通高峰时平均速度低到24 km/h。通勤时长急剧增加（单程达到2 h），让人对郊区生活望而却步。20世纪50年代至60年代，人口结构改变，小家庭（夫妻带孩子）不再是美国人口结构的主流了。单身人士、丁克夫妻、退休人士、移民等都对城市便捷的生活情有独钟。因此，在过去三十年中，城市的部分地区通过新兴企业、开放式阁楼住宅、中密度居住区而复兴，带来了生机盎然的城市生活方式，包括饭店、商业服务、文化设施及各种城市娱乐活动。

接下来，郊区开发同样经历了被淘汰、被废弃的阶段，由新型的商业零售、办公室及住宅房地产开发区"产品"取而代之。其结果是伴随着大片城区的衰败及废弃，一大片新开发区崛地而起。随处可见的现象是：有些地区呈现"收缩城市"[6]的特征，而有些地区快速城市化。城市风貌面临着极大挑战，但也正是可持续发展的机会，这取决于各个城市的历史和地理条件。

是否有一些领域和发展机遇可以借鉴欧洲那些案例的成功之处呢？答案是肯定的。但美国必须采用新思路，改革开发流程。各市政府必须发挥更大的领导作用，像在当年有轨电车时代那样，成为更积极的开发者。

城市的机遇

美国城市建设——尤其是郊区城市化——过程中的矛盾性在于，不论是在中心城市，还是在各阶段的郊区扩张区域，被废弃和待开发的地块正是开发可持续发展社区的机会。欧洲的四个案例中有三个是把握住了这样的机会——Bo01社区是废弃的造船厂和工厂，哈默比湖城是旧工业制造业基地，沃邦区是废弃军营。类似情况在美国比比皆是。

三个欧洲案例都是工业用地上的再开发，只有康斯伯格区是在绿地上的新开发。美国大都市拥有许多类似机会，大部分城市（约50%城市用地）是经过开发建设的。问题是案例中的综合性一体化系统的概念可否部分或全部用于美国城市。尽管普遍认为一体化系统只适用于新开发区，但欧洲案例提供了许多具有开发潜力的经验，使美国城市富有再生性和可持续性，并创造更健康、更丰富的城市生活。因为美国城市同其他城市一样，是不断变化的——既有物质及功能上的衰落，也有蓬勃发展的更新。可以说美国城市最大的资本是其未完成性。事实上，美国半数以上的城市建设涉及改造、修复和维护。任何建筑都存在长期维护的问题（即"建筑的学习过程"[7]），但推延维护已经成为美国城市基础设施的一个主要问题。应对这一挑战提供了一个采用一体化系统思维方式的机会，用新模式重塑美国城市。

美国很多城市滨水区还有大片的废弃工业、制造业及仓库用地，现行的土地使用及区域划分完全没有经济价值，铁路沿线也是一样。多个大都市都有关掉的军事基地，连带大片土地交给了城市。城市更新的早期项目进行了改造和再开发。有轨电车第一环线的郊区林荫大道都衰落了，可以进行更高密度的再开发。郊区的大片土地隐藏了许多开发机会，具体如下[8]：

（1）废弃的大型购物中心及带状开发区。

（2）业务被外包后遗留的大型企业园区。

（3）拥有大量空地的低密度规划单元，可以进行高密度开发。

郊区开发时期，很多城市为减缓高速公路的堵塞，兴建了区域交通转接系统，但基本遵循的都是早期火车沿线的停车换乘模式。站点四周都是大片停车场和空地，完全可以重新规划为高密度、综合性功能的公共交通导向式开发。很多城市抓住机遇进行高密度开发，但这些城市（除了少数例外）却没有及时地反思开发进程，以实现一个更综合、一体化系统的可持续发展模式。

由于现有基础设施各有一套系统，挑战和机遇之一是在现有体制里找到合适的点，去捕捉那些隐蔽或尚未实现的可能性。虽然很多可能性的实现都涉及跨部门的问题，但一个个尝试各个系统也是有意义的。

交通及土地使用策略

欧洲案例论证了可持续发展的一条著名原理：便利、高质量、频繁的公共交通不仅是城市交通减排的必行之路，而且能提升社区宜居性。可喜可贺的是，这一原则已被美国人普遍接受，作为美国环保署大力倡导的"智能增长（smart growth）"[9]的原则之一。为了提供多种出行选择，美国各地的城市都在兴建新的自行车专用道和小路，改善步行环境，提高公交车服务质量——保证车次、质量、价位及信息提供，兴建轻轨系统（过去20年建了35个新系统）[10]，建设公交车专用快速车道，同时鼓励汽车共享。上百个城市进行了这样的改变——从亚特兰大到凤凰城，从布法罗到明尼阿波利斯，从盐湖城到丹佛市，从圣地亚哥、洛杉矶、旧金山市、波特兰到西雅图。交通模式的变化、日常出行方式的多样化，是完全可测的。虽然无法同哈默比湖城或沃邦区80%的步行、自行车及公交比例相比，美国一些城市的自行车使用率已增长到日常交通总量的22%以上，步行占15%以上，通勤使用公共交通达到40%。[11]虽然还只是个案，但是对减排和社区宜居性起到了很大影响。虽然美国的交通还是以汽车为主（每日通勤的80%），但在房市泡沫破裂的冲击下；那些步行—自行车友好型的开发仍使房价保持稳定甚至增长。

"智能增长"菜单上的"增加出行方式"的原则早有先例。当初的理念是"公共交通导向性开发"，利用公交组织并促进开发。当然，有轨电车社区也是这一模式。在过去的25到30年[12]，交通规划领域对此做了大量的研究。公共交通导向性开发还有许多决定性因素，有些是公交系统本身的问题，有些是城市设计、土地使用以及自然与社会背景下的人口统计特征的问题。[13]重点如下：

公交系统

（1）安全保障。

（2）票价（及是否便于购买）。

（3）出行时间（尤其是同汽车对比）。

（4）车次间隔。

（5）目的地的可达性。

（6）公交服务的稳定性和效率。

（7）到车站的方便性及所需时间（通常用步行距离或时长表示）。

（8）到达及发车的实时信息。

环境

（1）车站 800m 范围内（因系统不同而异）的住宅单元密度。

（2）车站 400m 范围内（因系统不同而异）的就业机会密度。

（3）步行环境的质量和趣味性。

（4）汽车前往目的地需要的过路费及停车费。

（5）途径高速公路及街道的拥堵程度。

（6）前往目的地的所有出行方式。

（7）是否有便民服务设施。

显然，公交系统的成功取决于交通系统类型及车站周围的城市设施。全国上百个公共交通导向性系统开发的数据都在不断更新，显示出什么是成功的策略。[14] 虽然数据尚待分析，一些基本规律已浮出水面。

公交车时间及票价

（1）如果公交费用等同于停车费、油钱、过路费，准时，且与汽车耗时相同（甚至稍长一些），则会增加客流，提升周边社区价值（前提是车站方便到达，并且车次合理）。

（2）如果使用公交可以省掉买车的费用，自然会增加客流，提升周边社区的价值。

（3）公交使用者认识到乘公交比开车更有时间效率，因为在公交上可以用手机阅读，甚至闭目休息。

土地使用、密度及可达性

研究普遍认为，近公交车站的精细化街道及街区提升了步行的频率和可达性。当增加自行车专用道、人行道及穿越公园的小路时，可达性会更好。当车站附近采用这样的街道布局和城市结构时，表 7.1 总结了车站不同半径范围内的就业机会及住房密度组合，来分析如何能满足客流量的要求（假定时间、费用及联通性都是合理的）。

表7.1　距离换乘站 400 m范围内的工作岗位与800 m范围内住宅的最小密度

交通方式站点	400 m以内的工作岗位密度	800 m以内的单元房密度
公交车站	75个职位/hm²	30~40户/hm²
快速公交站	75个职位/hm²	40~50户/hm²
轻轨站	125个职位/hm²	50~100户/hm²
重轨站（地铁）	>125个职位/hm²	>75户/hm²

　　由于各种变数的存在，很难简单地总结出几条成功秘诀，但相关部门还在继续努力为美国城市制定一套切实可行的标准。[15,16] 美国的城市及其大都市风貌前景广阔，因为大片的区域（确切地说有几十万公顷）拥有成熟的交通系统，并且改变了用地的功能，可用以组织并促进增长。原有的有轨电车社区本身就是小巧型街道及街区，有着方便步行到老电车大道的"骨架"。一些城市提升了公交车的服务，或沿着老电车线路修了新轻轨，随着区域密度适当增大和高度限制，社区得到了新投资，用于新型商业和新综合开发项目，以及住房改造升级（波特兰东西大道沿线的开发项目即是一例）。有些半废弃、尚未充分利用的工业带也是如此，铺设轻轨，重新规划成综合性住宅区，引发了一系列新开发项目。

　　放眼美国，许多城市都在积极寻求将铁路车站周边的用地模式从"停车换乘"改为"居住换乘"。例如，加利福尼亚州康特拉科斯塔（Contra Costa）县的奥林达（Orinda）小镇有一个湾区城铁（BART，全称"Bay Area Rapid Transit"，旧金山湾的快速交通系统）车站，五十年来一直使小镇呈割裂状态。小镇的市民团体设计出一个方案，在车站旁边的停车场增加了高密度、功能综合、步行友好的居住区的开发，有效地将其与市中心重新合为一体。对这类改造的潜在价值最有说服力的例子是华盛顿地区地铁站附近的地价。2008 年金融危机开始时，外围各县的"停车换乘"式站点周边地区的地价暴跌 40%，而近市区、密度高、便于步行的地价反倒攀升了。水路交通的再开发（高速渡轮和出租船）促成了老沿岸工业区以及大片不必依赖汽车作为唯一交通工具的新开发区的开发。虽然各市开发前景各异，多项研究表明大都市区域 50% ~100%的预计发展可以利用公交导向性开发，来充实欠发达的区域。澳大利亚墨尔本的研究表明，改造仅占市区面积 7.5%的区域可以使全市人口翻一番。在现有有轨电车及公交车沿线进行"战略性住宅集约化"，在尚未完全开发的地区建三到四层楼，与七层楼地块进行组合，像西班牙巴塞罗那那样。[17]

抓住机遇是美国城市迈向更具韧性、更健康、更可持续发展的第一步。很多推荐性政策倡导用生物燃料和电作为车辆的动力，作为实现低碳未来的重要途径之一。[18] 但给美国人更好的机会减少用车，不买第二辆甚至完全不买车，效果会更立竿见影——避免掠夺农用地，改善空气质量和人民健康，缩减能耗及二氧化碳排放，以及增加选择的自由、提高生活质量。改造美国的城市，进行绿色的公交导向性开发、综合功能开发，使交通沿线的项目和社区密度加大，是美国城市的可持续发展最有希望的第一步。

环境响应型建筑

20 世纪 70 年代早期，美国就发起了提高建筑节能性的运动，已历时40 多年了。其措施包括提升窗户的隔热性和功能，加入被动式太阳能技术，

图 7.1 阿特·罗森菲尔德效应（来源：California Energy Commission）

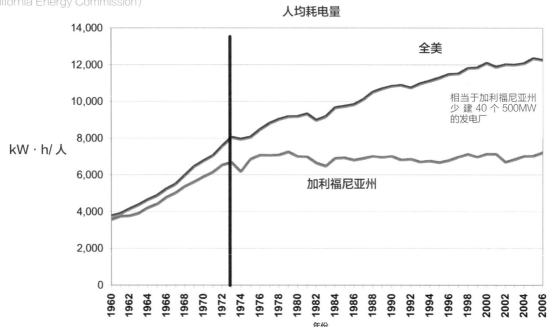

善用日光及自然通风，提升照明和电器的效能，随着供暖、通风和空调管控的提高，被普遍认为是减少能源需求和消耗的最行之有效的办法。[19] 这些举措得到各大学、国家实验室大量研究的支持，政府也以提供补贴及公共事业费用返还的方式鼓励建设，获得了巨大的成功。最值得关注的是所谓的阿特·罗森菲尔德（Art Rosenfeld）效应，它的能效策略使加利福尼亚州在人口增长的情况下，从 1975 年到 21 世纪初， 总用电量基本保持不变。

很多政府给安装太阳能光伏设备的居民和商户补贴及退税，并安装"智能"电表给用户实时的性能反馈。关于如何实现能源效率有大量的资料，包括网站、公共活动和个人能耗评估方案。以上策略不但特别适用于新建筑，对改造也是适用和有效的。爱德华·玛兹利亚（Edward Mazria）在他提出的"2030 年挑战"中，指出美国在接下来的 20 至 30 年内，需翻新及修复 50% 的现有建筑。他在美国参议院提出，设立 2030 年建筑的碳基能源零消耗是切实可行、经济实惠的。[20] 他提出了一个具体计划，要求每六年比现行建筑标准减排 30%、50%、75%、100%，以期到 2030 年实现碳中和。玛兹利亚提议联邦政府应提供低息贷款给达标建筑，以鼓励改造和新建。

"2030 年挑战"细则证明，在建筑层面对能源效率和可再生性进行更深远的布局可以有效减排。对欧洲案例的研究肯定了这一基本原则。另外，案例证明了在社区层面（而非建筑层面）提供可再生能源是实现零碳排放的一种有效的全系统化方案，而不必仅仅依赖于建筑。

那么案例研究为社区层面的能源供应改造提供了什么启示呢？有三个方面：① 利用沼气发电将污泥、有机的食物垃圾及园林垃圾转化为能源；② 社区或街区级的热电厂使用生物燃料和可燃垃圾；③ 在公共用地上（如公园、公路、街道及停车场）或租用的私人用地上（如农田等）利用太阳能及风能。

垃圾产能系统

调查表明，美国城市固体垃圾中，只有 3% 的有机食物垃圾用于堆肥，其余的都填埋处理了。[21] 每年 3476 万吨的垃圾意味着巨大的潜在能源。目前，很多城市污水处理厂采集污泥到沼气池，通过厌氧消化转化为沼气供应给本厂。如果沼气池可以扩大到收集处理有机食物垃圾，那么多产的沼气应该足够把污水处理厂变为电厂。沼气可以输送到现有天然气供应管网中，或给高效的斯特林（Sterling）发动机供能，补充用电高峰期的电量。尽管这部分能源仅相当于全美能耗的 2%，但现在是完全浪费掉的，足够为三四百万座住房供电，或满足美国 20%~25% 的家庭烹饪。[22] 有机食物垃圾堆在垃圾填埋场，产生的甲烷会作为比二氧化碳更强的温室气体逸出。相比之下，利用食物垃圾产能可谓是一箭三雕：获得了被浪费的能源，减少了温室气体排放，又免去了去垃圾填埋场的运输。

一方面，收集有机食物垃圾并运送到城市级污水处理厂扩大后的沼气池，即可利用城市现有体系，在全市范围内集中处理垃圾。另一方面，如果在社区范围内实施这一方案也有很多优势。一个 5000 套住房的综合功能社区预计每天产生十吨有机食物垃圾，足够支撑一个小型沼气池。如果这些沼气用于热力发电厂，那么沼气的能效几乎变成双倍，因为热电厂会同时产生热能和电能。还可以从社区污水沉淀池或泵站收集污泥补充沼气池，扩大热电厂的燃料来源，加入花园垃圾及建筑垃圾等干燥可燃垃圾。这种综合性的混合垃圾转化能源系统可以媲美丰田普锐斯的"引擎盖下的魔法"。该系统所制造的热量及电力最符合需求，降低了输送损失，开发了三种垃圾（有机垃圾、污泥及园林垃圾）作为资源，从而削减了垃圾处理的费用。无论是新建还是改造项目，垃圾转化能源策略都会为美国城市更加可持续的发展带来巨大潜能。为什么要浪费垃圾呢？

热电联产

热电联产被认为是产能最有效的方式之一，因为它利用一种燃料即可同时发电和产热，而且技术成熟，费用低廉。案例研究证明，有效使用再生能源——例如沃邦区使用的木屑——是可以 100% 满足能源供应需求的。尽管案例中没有特别说明，沼气也可作为燃料资源。风能及太阳能光伏发电结合热电联产，可以作为提供部分电力的有效途径，像在康斯伯格区。

区域性的热电厂可以成为大型机构的能源改造方案，以增加燃料的能效，如大学校园、花园公司、市中心的空地项目、公司住区，甚至单独的大型建筑。使用垃圾的再生能源，或加入风能、太阳能等可再生能源，可以使城市更有效地减少碳足迹。热电厂还可以使用水力压裂技术作为新的天然气生产源，但前提是要避免对环境造成负面的影响。更妙的是，最近生物工程方面取得了令人兴奋的突破，使热电厂或许可以靠新生物燃料运转等新成果作为备用燃料资源。建设新的大型电厂越来越难获批，相比之下，增加地方性热电厂可以使电网更多元化，使现有系统更具韧性和稳定性。采用热电联产使电网向更分散化、多样化转型会给美国城市带来巨大潜能，是有广阔前景的政策导向。

风能及太阳能

风力发电机及太阳能光伏设备是目前公认的再生能源的标志。在类似加利福尼亚州阿尔塔蒙特山口这样年平均风速高的偏远地区建设的风力发电厂，通常认为是必要的公共设施。同理，在边远沙漠里安置大型太阳能光伏阵列也是被广为接受的。然而大都市里这些再生能源技术的应用却一直是个问题。建筑物上的太阳能光伏阵列越来越被人们接受，被视为一种合适的个人选择，对一些人来说也是公共性的。而在美国城市范围内安装风力发电机却没有被普遍接受。当地居民及环保组织强烈反对，称其产生噪声，威胁鸟类，而且轮叶有坠落的风险。相比之下，北欧斯堪的纳维亚各国（即本书中部分案例所在地）已经普遍接受市内风力发电机的风景线，充分地利用了当地资源。他们的风力发电机安置于公共用地上，或者向农民及私人土地产权人租用。它们作为一种公共设施被广泛接受，它们的运转被视为人与自然和谐共处的一种优雅的方式。有的人甚至认为它们充满诗意，使风的意象更加直观和生动。

美国大都市是否可以普遍使用风力发电机，仍是个充满争议而错综复杂的政治和社会问题。"别放我家后院"的心态阻碍了将它们视为共同利益。矛盾的是，城市和市民却接受电厂的存在（有些电厂位置非常明显，还有高大的烟囱），作为无奈的必需品。而公共事业公司和市政府都不愿考虑在市区可能最佳的位置安装风力发电机。如果随着更多成功案例的出现，美国人能够接受在市区部署风力发电机，这将是一种成熟的、经济效益高的改造策略。

在城市改造中引入太阳能光伏技术同样有吸引力，但也面临着不同的机遇和挑战。通过联邦及州政府补贴（通常是部分投资成本返还）、生产成本降低，以及地方电力的效用回购协议，慢慢地，太阳能光伏发电在住宅和商业建筑上的应用开始被接受，并渗入市场。安装费用上通常有两种处理办法。一是太阳能公司免费安装并维护，业主一文钱不必出，使用上

图 7.2 风力发电机组（图片来源：美国阿贡国家实验室）

图 7.3 太阳能光伏陈列（图片来源：Sunpower Inc 公司）

图 7.4 加利福尼亚费尔菲尔德百威啤酒厂的风力发电机（图片来源：哈里森·弗雷克）

由业主通过月租计划负担，像付月账单一样，比他们从电费账单上省下的钱略少。实际上业主得到了一个比原来更低的有保障的固定电费。二是，业主从太阳能公司购买发电系统，直接获得优惠补贴，再通过节省电费抵消成本。一般七八年可以回本，所以，在此后 12 至 14 年的系统寿命中，业主可以通过节省费用直接获利。政府补贴的目的是扩大太阳能光伏电池的需求，打开市场，降低成本。[23] 然而成本虽下降，但市场还是没有大到可以通过投资技术制造上的创新实现成本的阶梯式下降。因为补贴主要针对的是私营企业，在经济放缓和诸多不确定因素的形势下，市场还没有充分发展。

如果使太阳能光伏广泛应用的秘诀在于扩大市场降低成本，案例 Bo01 社区提供了一个绝佳策略。[24] Bo01 社区的市政府及公共事业公司通力合作，在公共和私人建筑、公共空间及私人开放空间都安装了太阳能光伏设备。

理念极简单：公共建筑只要有可用的屋顶和合适的南向玻璃幕墙就会被利用，私人建筑以同样的标准租用，只要是适合接收太阳能的地方，利用城市公共空间为太阳能光伏提供一个巨大的无形的三维框架。公用事业公司可以大量购买光伏设备，在最合适的位置安装并维护，作为电力供应系统的一部分。随着技术试验的成功，光伏设备可以进行更广泛的布局，并随时更新。像在 Bo01 社区，建筑业主无须担心系统的产权和运营问题。因为不同的建筑和公共空间接收的太阳能不同，为城市电网而不仅是自身

图 7.5 太阳能光伏发电成本降低示意
[制图: 哈里森·弗雷克; 光伏发电数
据来源: 迈克尔·利布莱希 (Michael
Liebreich) 2012 年 3 月 20 日 在
2012 年彭博新能源财经峰会上的
主题演讲; 美国住宅用电数据来源:
2011 年 9 月美国能源信息署《电力
月刊》(*Electric Power Monthly*) ,
http://www.eia. gov/electricity/
monthly]

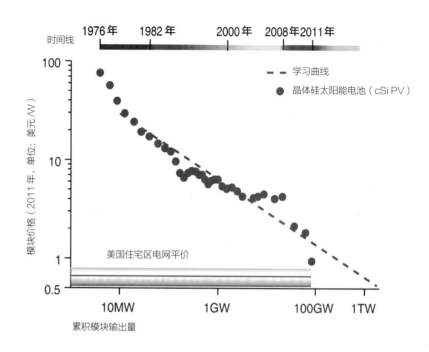

供电, 可以实现整个城市的效益。这种公共基础设施公司购买的融资方式
创造了巨大市场, 降低了光伏电池的成本, 将城市地表变成电力资源, 而
且避免了从遥远的沙漠运输风能的问题。

　　即便没有公共事业公司的领导或发起, 但有他们的合作, "社区太阳能"
已经通过个人发起。至少已有两个创新的商业模式, 分别由科罗拉多州的清
洁能源集团及加利福尼亚州奥克兰的马赛克 (Mosaic) 众筹平台推出。正
从社区级的太阳能发电中获利。两个模式都是允许个人 "购买" 社区的太阳
能设备。科罗拉多州是让个人根据所购买的社区太阳能板的比例来享受电费
账单上相应的折扣。太阳能光伏阵列技术上还是归集体所有, 向个人出售的
是退税点数和价格折扣, 并且像一个小型电厂那样把电卖给公共事业公司,
开发出软件直接将用户所得利润体现在他们的电费账单上。奥克兰的马赛克
就是个太阳能融资公司。用户可以购买社区太阳能公司的股票, 从而享受
4%~8% 的投资回报率, 并直接体现在他们的电费账单上。[25]

　　推广公共事业和私营机构的 "社区太阳能" 看似激进了一些, 但社区会
在多方面受益。装有太阳能板光伏电池的楼顶和建筑外墙有许多美观的成功
案例, 更不用说作为停车场的遮阳棚和行人廊架。太阳能板不仅发挥了收集
能源的作用, 还改善了城市微气候, 让广大市民受益。太阳能改造建筑和城
市的太阳能改造建筑还在起步, 其潜力取决于创新的商业模式、创造性的政
策制定和有想象力的设计, 使太阳能光伏电池提升公共环境的体验。

图 7.6　加拿大安大略省的屋顶太阳能板（图片来源：Sunpower Inc. 公司）

图 7.7　瑞士罗莎峰的建筑立面太阳能板（图片来源：Sunpower Inc. 公司）

图 7.8　太阳能板下的停车建筑（图片来源：Sunpower Inc. 公司）

绿色基础设施策略

美国城市基础设施面临着严峻挑战。多项研究认为，美国供水系统由于渗漏流失了大量水，水管坍塌和污水处理厂故障日益频繁，而维修却被一拖再拖。[26] 人们担心水源是否充足，尤其在气候变化的时候。很多地区供水系统很长而昂贵，如大坝、渡槽、水库、大管道等，需要常年维护，消耗巨大的能源来输送（主要是水泵）。水平分配结合从地下抽水所需的能耗是巨大的。每年，加利福尼亚州 19% 的电力、30% 的城市天然气及 3331 亿升的柴油，是用于运输水。

雨水收集系统同样面临挑战。大部分的美国城市，雨水收集系统、排水沟、管道及储水池都太小，无法应对持续加剧的气候变化带来的大风暴。其造成的局部洪水和水害对国家及个人都带来经济上的负担。

城市排污系统也有类似问题——渗水、管道故障、容量不够——而且污水集中处理设施基本都是三十岁的高龄了，亟待大修。更换及维修现有系统大概要耗费数千亿美元。

值得庆幸的是，国际供水行业已经认识到这些挑战。过去三年中，很多研讨会在热烈探讨目前"大管道一次处理流量"的替代方案。一个共识是建立新的分布式、分散的系统模型，与自然协调，完成集中式工程系统的工作。[27] 但这并不是完全抛弃现有系统，毕竟那是二十世纪人类公共卫生领域公认的最大成就。这一理念设想了改造的分散化自然系统网络，有时混入中央系统。工程和绿色网络模拟自然系统，水在区域范围内循环并滋养生命，被形容为"适用"的水，其概念是恢复水的"公有性"。[28]

图 7.9 加利福尼亚州水利设施 [图片来源: 伊恩·克鲁夫特 (Ian Kluft)]

在这一模式中，城市景观是提供生态服务，并且代替或增强现有工程设施的关键点。城市景观可以参与和服务至少 12 个主要领域：

（1）微气候：增加舒适区，改善"热岛"效应。

（2）空气质量：过滤污染物，吸收二氧化碳。

（3）雨水：处理、收集、储存再利用。

（4）废水：治理、储存再利用。

（5）食品：提供城市农业。

（6）能源：制造沼气燃料。

（7）美观：提高设计品质及感官享受。

（8）健康：促进身心健康。

（9）娱乐：提供共同娱乐活动的空间。

（10）社区：增强社区的聚会包括大的和小的，安静的和活跃的。

（11）生态：为动植物创造生境。

（12）可达性：提供街道、人行道、林荫大道、小巷、步行街和自行车专用道——即各种形式的出行方式的道路系统。

案例中社区的城市景观确实提供了许多这类功能。事实上，生态功能和设计品质只是重要的意外发现之一，它们显示城市景观在我们的城市改造中的作用是使其更可持续、更宜居。下面详述各个生态功能的改造策略。

微气候

城市景观最有效、最经济的功能之一是改善区域微气候，尤其是在美国的炎热地区，热岛效应显著。这些城市的气温和表面平均辐射温度比周边的郊区高 2~5.5℃。亚利桑那州立大学的哈维·布莱恩（Harvey Bryan）在凤凰城的模拟试验证明，在人行道及停车场上精心设计遮阴树木或种植架，在建筑的低层进行墙体绿化，并采用浅色透水性铺装，可使热岛温度降低 2~4.5℃。[29] 该研究最可喜的发现之一是改造费用可以用邻近楼宇的业主两到三年内省下的空调电费来支付。不过，最积极的影响是提升了行人的舒适度，增加了步行交通的潜力。商店获得了利益，在销售额提升的同时，城市区域的交流和认同感也增强了。

热岛效应的另一个因素是城市屋顶的颜色及吸热能力。阿特·罗森费尔德（Art Rosenfeld）在劳伦斯伯克利国家实验室所做的研究表明白色热反射材料或植被屋顶可减少热岛效应 2.5~5.5℃。[30] 罗森费尔德论证，

图 7.10　俄勒冈州波特兰西南第 12 街和蒙哥马利街的雨水种植池（图片来源: 波特兰市环境服务部门）

图 7.11　俄勒冈州波特兰东南克莱街的绿色流池（图片来源: 波特兰市环境服务部门）

使用白色或植被屋顶改造城市是应对全球气候变暖的最经济的策略之一，因为白色屋顶可以直接将阳光反射，而后植被屋顶将大部分的太阳能转化成植物生长的原料，较少转化为热量。他的研究组指出把约 $93\ m^2$ 的灰色屋顶换成白色屋顶，即可减排二氧化碳十吨。如果所有符合条件的城市平屋顶都改造为"冷屋顶"，将减排约 240 亿吨，相当于五百个中型煤电厂 ![31]

这些研究表明，城市景观应该三维立体地考虑，不仅局限于地面，还包括建筑墙壁、屋顶以及地上至少 12 m 范围内的公共空间。Bo01 社区案例中简单地规定所有项目的绿化率为 50%，这隐含着城市立体绿化的理念。这是最有效的城市改造策略之一。

空气质量

城市绿化的另一个重要收益是空气质量。绿树、灌木、绿篱可过滤空气中的污染物，避免行人和居民受到繁忙街道和高速路周边污染级别升高的影响。这一策略在中国的应用更广泛，主干道和高速公路沿线种植了大量绿篱和树列。树木既可避免污染物扩散，也可吸收车辆排放出的二氧化碳，进行天然的碳汇。交通的公共空间，被赋予了新定位，不仅为车辆服务，而且为景观体现生态服务价值提供了机会。

在更深层次上，这表明城市景观提供了一个机会，可以在适当的区域创造一个实质上的"城市森林"进行大量的碳汇。加利福尼亚大学伯克利分校的乔·麦克布莱德（Joe McBride）研究并量化了全球不同城市中各种树木在其生命周期内的碳汇。[32] 虽然我们无法通过种树解决二氧化碳排放问题，但城市森林及其碳汇效果不容忽视。

雨水及废水

如何利用城市景观处理雨水及废水有许多著名案例。最常见的是"绿色街道"，即使用生态湿地净化滞留雨水，而后自然排放（地下水），或流入雨水排放系统。更综合性的全市级别的雨水处理系统有芝加哥的绿色大道［马丁·费尔森（Martin Felsen）和莎拉·邓恩（Sarah Dunn）的城市实验室（Urban Lab）］[33] 和旧金山的未开发公共用地［尼古拉斯·德蒙肖（Nicholas de Monchaux）和本杰明·戈尔德（Benjamin Golde）的区域标准（Local Code）］的规划。规划中还包括改善微气候和创造更好的社区活动空间的其他生态服务。

除了街道之外，城市还有很多空间可以净化滞留雨水后再自然排放，比如停车场可以重新设计（详见图 7.17，斯蒂芬·洛尼对阿肯色大学停车场的策划），公园也可以重新设计创建绿色小径。本书四个案例显示，尽管对不同的区域环境运用了不同的对策，却都有积极的设计潜力。

图 7.12　芝加哥雨水绿化大道规划（图片来源：城市实验室，马丁·费尔森）

图 7.13　芝加哥雨水绿化大道效果图（图片来源：城市实验室，马丁·费尔森）

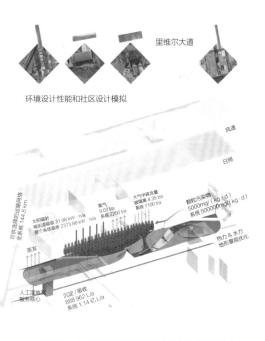

图 7.14 区域标准项目的场地分析（图片来源：尼古拉斯·德蒙肖）

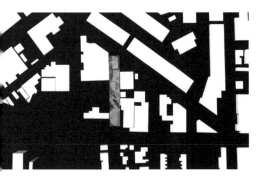

图 7.15 区域标准项目的节点示例（图片来源：尼古拉斯·德蒙肖）

图 7.16 区域标准项目的网络（图片来源：尼古拉斯·德蒙肖）

尽管补充地下水及减少现有雨水系统负荷对城市基础设施及自然环境都有好处，但雨水处理的模式不应该仅限于净化、滞留及自然排放。收集、净化让雨水具有"适用性"，而再利用为城市提供了一个额外的水源。这是自古以来就有的模式。八百年来，意大利威尼斯的饮用水用的是雨水：庭院利用地下储水池，过滤储存雨水，中间有井供人们打水。

雨水和废水收集再利用得到了美国国家研究理事会的认可："市政污水再利用显著增加了全国总供水量。"[34] 这一策略可应用于区域、社区，甚至城市街区或建筑尺度。

在社区范围内，雨水可以在街道的生态湿地收集、净化储存在社区公园的景观水体。而后用于灌溉景观绿地、消防，甚至冲厕所的中水系统。污水也可类似处理。污泥可在泵站或新型处理站过滤，剩下的污水使用工程系统（膜生物反应器）或"活机器"与一系列"处理"湿地组合进行清洁。最后储存再利用，可以用于灌溉、冲厕所或景观水体。这种社区的雨水及废水的改造策略避免了重建现有的"入管道、处理、丢弃"系统的费用。

自然雨水和废水处理方式在街区的范围内，也具有很大潜力，需要认真的整体系统的设计思维。街区的优势是更小巧、更有自主性：系统不必跨越法定边界。更便于收集各种垃圾——雨水、污泥、下水道污水和有机垃圾，将处理好的水及再生能源输送回所需处。问题在于找到建这些系统的地方：一个自然处理雨水、污水的用地，沼气池和热电联产的厂址。布局和街区设计以及建筑形式都需要考虑。案例中的区块类型是有可借鉴之处的。哈默比湖城和康斯伯格区周边街区的庭院都足够大，安装了"活机器"净化本单元产生的下水道污水及雨水。康斯伯格区还提供了一个更有趣的适应微气候环境的例子。在住宅单元之间的线形中庭安装处理所有单元废水及雨水的"活机器"。处于建筑之间的微气候区的好处是避免了寒冷气候的霜冻问题。

一般很容易考虑在温暖气候改造内部庭院处理雨水及废水，霜冻的地区就困难一些，但可以参考这种微气候空间的思路。"活机器"这样的自然废水处理系统也可以放在种植观赏植物的温室里，成为公园里、街区的庭院里，甚至街道边的特色。很多城市的建筑之间都覆盖了玻璃以节省能源，同时增加了空间，创造了

图 7.17　校园水岸景观 [图片来源: 斯蒂芬·洛尼（Stephen Luoni）]

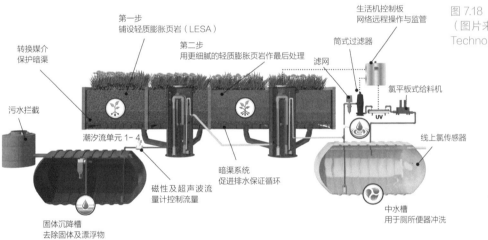

第一步
铺设轻质膨胀页岩（LESA）

第二步
用更细腻的轻质膨胀页岩作最后处理

转换媒介
保护暗渠

污水拦截

生活机控制板
网络远程操作与监管

筒式过滤器

滤网

氯平板式给料机

UV

氯

潮汐流单元 1- 4

磁性及超声波流
量计控制流量

暗渠系统
促进排水保证循环

线上氯传感器

固体沉降槽
去除固体及漂浮物
加流量平衡

中水槽
用于厕所便器冲洗

图 7.18　"活机器"流程示意
（图片来源：Worrell Water Technologies, LLC）

图 7.19　"活机器"温室示例
（图片来源：Worrell Water Technologies, LLC）

微气候，并允许扩展用途，像康斯伯格区那样，这一策略可以扩展，要求在改造中加入自然废水处理系统。

构想自然水处理系统在创新城市设计中的应用很容易，但自然混合系统的生化技术是很复杂的。地方、州以及国家各级复杂的环境保护规定也限制了它的应用。这就是为什么在美国大多只限于雨水处理及储存，再排放到雨水管道系统或自然环境。目前研究的重点是科学原理、对健康的影响及政府应该如何监管。其中，由美国国家科学基金会的工程研究中心投资的"重建国家城市用水基础设施（ReNUWlt）"项目，斯坦福大学、加利福尼亚大学伯克利分校、科罗拉多矿业大学，以及新墨西哥州立大学合作组建了一个大型跨学科团队，致力于研究出对所有自然和混合式的城市雨水及污水处理系统的分类，评估科学认知过程和水平，对人类及环境的影响、对空间的要求、不同用途的适应性、改造潜力及必要性、监管要求和成本影响，包括几个层面：基础研究、模型测试、试点项目、评估所涉制度、流程及费用问题。他们正积极寻求在现有的集中型的工程基础设施上添加自然的、分散式的城市水处理系统。

如本书四个案例所显示的，随着人们对这种系统的认识和理解，城市的公共和半公共的景观扮演了完全不同的角色。这就是为什么城市景观被称为"第五类基础设施"。[35] 当然，除了系统中的生态服务功能，它的设计特性能够使城市更具活力。为更广泛的公共领域带来一系列的好处——改善微气候及空气质量、节约能源、制造能源、避免开支以及提升系统韧性。将具有生态服务和感官审美的自然融入城市，景观创造了丰富的城市体验。

图 7.20　布鲁克林海军工场南端的布鲁克林农场［图片来源：蒂莫西·冈萨雷斯（Timothy Gonzalez）］

城市应该意识到系统中景观设计的价值——其美学和感官层面，而不仅是作为基础设施的作用——使当地社区更乐于接受城市的改造项目。

食品

四个案例都没有注重发展本地食品的种植业，但城市农业确实是城市景观扩展概念里的一个重要功能。在公园、空地、空余工业用地、阳台及屋顶设计建造"小花园"，提供了种植本地食品的空间。"本地食品"（80.5 km半径以内"食品大棚" 出产的食品），或称为"慢生食品"的概念已经渗透我们的城市。一些人口密度最高的城市中农业项目的蓬勃兴起，不仅推动了本地食品运动，而且发挥了城市农业的潜能。本书对城市农业的新兴领域不再详细介绍，但它是一个重要的城市景观改造战略。它的副产品——城市农业的生物质垃圾，指向城市景观的另一个功能生物质能源。

能源系统

利用污泥、有机垃圾及园林垃圾生产能源，前文已经从能源供应系统的角度进行了介绍，这里从资源"生长"的角度谈。城市景观的功能的扩展，势必带来燃料可利用的生物量增加。美国的庭院一年产生的 300 万 t 的园林垃圾的 57% 被用于堆肥或燃烧制造电及热能。[36] 这一数据表明很多美国城市认识到绿色垃圾是资源，而不是废物，而且我们已经拥有成熟、经济的变废为能的技术。因此，扩展城市景观的生态服务使绿色垃圾量增大（如装饰庭院）不是增加负担，而是增加了能源资源。在一体化的系统里，城市景观不但改善微气候及空气质量、处理雨水及废水、生产本地食品，还提供了能源资源，创造了长期经济价值。

美观及有益健康

传统上认为，城市景观是社区品质的提升，用公园和广场创造聚集空间，提供运动场和游戏场，以及公共交通系统——街道、人行道、林荫大道、小巷、步行街和自行车道。这种功能及其作为城市形态的演变和城市本身一样古老，也是城市景观的主要组成部分，但它们的传统形式不是本书所要探讨的内容。当城市改造或新建时有意识地融入上述的景观生态功能，会把城市带到一个全新的层面，景观拥有了更多层次的意义。它丰富了我们的感官体验，改善了嗅觉——怒放的樱花香味，听觉——水声潺潺、树叶沙沙作响、丛林的静谧，以及视觉——斑驳的光影和季相变化。现在，除了装饰或有趣之外，还有其他意义。经验证明，景观对我们的健康和幸福感有积极的作用，"自然可以被视为一个未被充分利用的公众健康福利资源，公园和自然区域的利用（欣赏城市景观）是提升公众健康的宝藏"。[37]

因此，美国的城市景观不论是新建还是改造的，不仅在更可持续发展、更低碳的方面，而且在创造愉悦的城市环境方面，都是关键部分。正是这种扩展功能，使可持续发展的观念从"不得不为之"转变为"乐意为之"。

总而言之，本书所述的潜能为美国城市的市议会、规划部门及公共事业部门提供了大量机遇。甚至可以采取类似于20世纪30年代综合性的"公共工程项目"的组织方法，实现类似的经济利益。目前有很多项目已在运作。美国各地涌现出新交通廊道、更环保节能的建筑标准、立法强制二氧化碳回收、气候响应型建筑、节能车、新自行车道、绿色街道、植被屋顶，还有城市农业。这一趋势无疑是对的。近期报告显示美国的二氧化碳排放量下降了，但主要不是因为这些举措，而是经济放缓，旅行和商业活动减少，以及电厂水力压裂技术的突破，使烧煤转为天然气。根据预测，减排是暂时的，也是不够的。问题仍然是如何将这些改造方案整合为一体化系统，有计划地、循序渐进地实现，同时减排以稳定气候。莱斯特·布朗（Lester Brown）等人认为，只有对二氧化碳排放定价，如吨位税或限额交易体系才能打破目前碳基体系的惯性。[38] 尽管加利福尼亚等州在认真探讨这一方案，但在美国现行政治气候下，很难讲联邦政府是否或什么时候会迈出这一步。与此同时，联邦政府在积极倡导建设可持续发展的城市。美国环境保护署（EPA）已经从"环境监管机构"变为"可持续发展是环保的下一级别"[39] 的倡导者。EPA积极提倡和发展这里大多数主题所涉及的信息、教育和研究工作，致力于通过行政令，"合法地开展环境、交通及能源方面的各种活动，以促进环境、经济和财政方面的稳健、综合、持续提升、高效和可持续发展"，促成了2009年美国住房和城市发展部（HUD）、美国交通部（DOT）及EPA组成"可持续发展的社区合作伙伴"。[40]

同时，地方社区及居民一直在发展他们的策略、方法，分享最佳实例，地方政府环境行动理事会地方政府（ICLEI——地方政府环境行动国际委员会）往往给予推动并协调（请参考联合国城市环境协议）。

从研究欧洲案例和美国第一个净零能源社区[41]（见下文加利福尼亚州

戴维斯市西村）中有什么启发呢？目前有四个领域还有待开发。

一是社区范围的综合一体化系统。因为美国只有加利福尼亚州的西村（West Village）宣称实现了净零能源，所以美国的社区可持续设计尚处于起步阶段。它的优势是明显的：交通系统、建筑系统、基础设施系统以及城市景观都可以整合进一体化系统的设计理念。当地的可再生能源（太阳能光伏电池）提供了重要的韧性维度，因为即使大区域电网崩溃，社区仍可自己供电。

二是使用废物产能系统来获取垃圾的可用能源资源。这就需要跨越目前传统的各自独立的市政系统。垃圾产能一旦同风能、太阳能、地热一样被视为可再生能源，将更经济实惠地实现系统的规模、平衡性、灵活性及韧性。

三是更积极地投入和扩展城市景观及其作为整个系统一部分的生态服务，特别是在它促进人类身心健康方面的作用。

四是"人的互动性"的重要性，不仅在流程中，而且在日常操作中——像丰田普锐斯车那样共享实时信息，提供了"游戏的玩法"。当认识到这四个领域的相互依赖时，设计思维就很容易改变了。我们才刚刚开始认识到协同效应的多种可能性，探索如何获得成本效益。

环境系统的一体化

目前，美国城市主要依赖高度集中化、独立的公共事业公司来提供城市服务。大型区域性能源公司建造、维护并运营电网及天然气管网。自来水公司利用复杂的供水网络从河流、水库、输水管、地下水井、海水淡化厂引水，其中大部分都需要先进行净化处理。污水由下水道包括泵站收集，在大型处理厂处理后，再排放到自然环境中，如河流、湖泊及海洋。城市固体垃圾基本由市政统一收集、分类，部分回收（26% 回收、8% 堆肥、11.7% 燃烧产能）。[42] 剩余垃圾被运到垃圾填埋场或被倾倒入大海里。每个程序依照法规都是独立的，成本越来越高，而且很多维护被推迟了。我们研究案例所学到的最基本的一点是一体化系统非常有利。但问题是，由谁来整合这些系统，具体如何操作？案例中的城市做到了让公共事业公司综合地合作，但是在美国可能很难做到，因为系统结构太分散。

不论如何，全球技术工程巨头——如西门子 [43]——已认识到为社区和城市区域提供综合的微公共事业系统及服务的商业潜能。他们在各领域各系统的技术经验都比较丰富，不论是社区的区域性供暖和制冷系统，垃圾和污水处理，还是各种形式的电厂，包括热电联产，在跨系统的技术方面具有独特地位。随着最近无限传感器网络等信息技术的新发展，打通需求和供应链的一体化管理系统成为可能，从建筑、智能电网到能源供应，包括一整套可再生能源。这使供需平衡成为可能，但它也允许适当地用供给调控需求。[44] 换句话说，这些大型跨国公司可以提供类似于丰田"引擎盖下的魔法"的一体化系统，以达到低碳到零碳运营，接近 100% 使用可再生能源，同时提高韧性。

为提供分散式的一体化微公共事业概念，这些公司正在不同的开发环境中尝试各种商业模式。一个模式是公司自行设计、建造、拥有并维护系统，将所有公共事业收费放到一张账单上向用户收取。这种商业模式适用于私营机构像大学社区（如下面要讨论的西村）、退休社区、度假社区和私营开发社区，我们称为私营模式。另一个模式是公司同公共事业公司签订合同，提供所有服务并协商费用，以符合公共事业的费率结构。我们称为公共模式。它的前提是假定公司可以在公共事业公司的费率下设计、建造、融资并运营该系统，获得利润。这种系统融资方式具有创造性，因为燃料是可再生资源，所以不受燃料价格波动的影响，并保证一定时期公共事业费用不变。显然，这一模式在法律上及融资方面很复杂，存在多种可能性，但由一个大型技术公司承担一体化系统的责任及风险，并获取利润，是实现可持续发展的一个有力的新方法。

低碳乃至零碳及近 100% 的可再生能源运营除了需要有一体化的技术之外，用户的角色、建筑设计、城市形态及城市景观都是其中的关键。而这些是那些跨国科技公司无法独立做到的事情，需要各方在开发过程中协调合作。各方不同的动机都会成为过程中重要的驱动力。如我们在欧洲案例中所见，城市（有时还有规划师）作为主导者要求公共事业及建筑开发团队创新设计一体化系统。美国的市政府是有法定权利可承担起类似的责任的。主要机构如大学校园也有可能成为主导力量。他们致力于通过基础和应用研究来创造新知识，他们关心系统的使用费用及年限，他们有自主权来决定各方面的服务，他们为自身利益而力求创造最高的环境质量，这些都会促使他们力求主导推动更综合的可持续发展的开发。[45]

开发商自己也逐渐认识到一体化可持续性的项目会有更好的经济收益，因为大众已经更加了解"绿色"环境的益处。不幸的是，有太多开发商将可持续或绿色设计当成营销手段，只提供最便宜、最表面的一些环保措施。尽管存在这些"洗绿"的案例，有些开发商开始逐渐意识到一体化系统设计整体的经济效益。[46] 现在各主要参与方都开始看到一体化、可持续发展的综合系统的价值：市政府官员认识到这是他们对公共资源、公共利益、公共健康福利的责任，也是城市的韧性；机构客户将其视为核心使命的一部分；公共事业公司认识到区域性微型一体化公共事业系统不但是有经济价值的多样化发展系统，还会大大提高整个系统的韧性；开发商意识到真正的可持续发展最终是会给他们带来价值的；那些全面一体化设计、工程及技术公司（或团队），不但拥有技术，而且看到了全面一体化系统这种新的商业潜力。这是城市发展在公共及私营领域的新气候。美国所缺少的正如尼古拉斯·斯特恩（Nicholas Stern）所观察到的，是它们如何定义和具体怎么操作的好实例。有幸的是，美国开始涌现出全部或部分一体化的实例了。其中一个项目特别有趣，因为是在美国的背景下，采纳了欧洲案例的许多经验。

加利福尼亚州戴维斯市西村

西村始创于 2003 年加利福尼亚大学戴维斯分校的长期发展计划。面对戴维斯市的不扩张政策及有限的住房，分校考虑了两种方案来解决学生和教职工的住房问题：① 维持现状，这会使学生、教职工不得不长途通勤（郊区开发型）；② 在校园旁边的自有用地上建造一个新的校园社区，由自行车和公交车连接到校园（智能增长型）。加利福尼亚大学戴维斯分校一向有主动承担环境责任的传统，自然选了第二个方案，西村应运而生。

社区一开始就定位于要为校园及城市添加新活力，采用综合功能、交

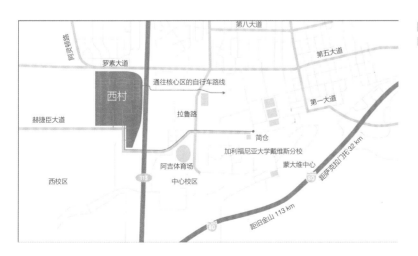

图 7.21　加利福尼亚州戴维斯市西村区位（图片来源：西村社区合作组织）

通系统、开放空间、娱乐设施及自行车专用道等措施。利用本校教授的专长，整合环境友好型设计，同时自主产能以优化节能。一期的 800 个床位的学生和教职工公寓楼、46.5 m² 的办公及零售空间，以及 1858 m² 的洛斯里奥斯（Los Rios）社区学院都已经投入使用。目前公寓楼有 1000 个床位正在增建，并计划建 475 套可售独立住宅。

规划流程

加利福尼亚大学戴维斯分校从一开始就意识到需要跨行业的政企合作，才能达到预期目标。他们组织了合作团队，包括：加利福尼亚大学戴维斯分校（土地拥有者）、西村社区合作组织（开发商）、戴维斯能源集团（节能顾问）、雪佛龙（Chevron）能源解决团队（再生能源整合）、太平洋燃气电力公司（PG&E，公共事业合作方）、戴维斯分校能效中心（教员代表），及一个跨部门的顾问委员会。

一开始，规划就涉及一长串的关于节能及再生能源的技术列表。当开发商决定建立美国首个净零能源社区时，它获得了关注。这一目标激励着整个团队不断审核迭代设计方案，寻求自主再生能源的同时降低能源需求，实现最经济而有效的平衡。这项研究和探索获得了州及联邦政府机构高达 750 万美元的拨款，用以分析各种替代方案，及以后的持续监测及研究，将西村系统作为一个活实验室。他们开展了三十多次社区会议，来寻求批准和支持。很多事情很顺利，但也有很多挫折。团队成员表示，如果当初知道有如此复杂，他们可能就放弃了。无论如何，他们还是咬紧牙关，朝着目标坚持做下去。

图 7.22 西村自行车与公交系统规划（图片来源：西村社区合作组织）

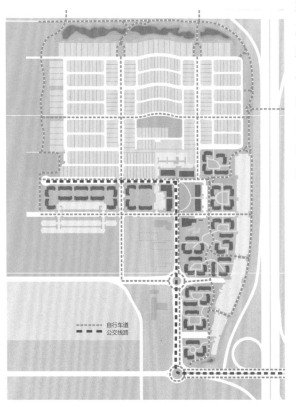

规划目标

（1）电网的全年净能耗为零。

（2）消费者无须额外付费。

（3）开发商无须额外付费。

（4）深度节约能源措施。

（5）社区范围内，多种综合的再生资源。

（6）智能电网。

交通规划

规划提供了行人、自行车及公交系统交通方案。道路网的设计中包含完整的人行道及自行车专用道网络。另外，非专用的自行车道蜿蜒穿过公寓区，贯穿一条南北大道以及外围一周，并通过一条自行车高架快速路连接到校园中心。

由学生运营的校园公交从北向南到达西村广场，然后在东西向大道上行驶，每站间隔 5 min 步行距离。公交服务一开始为 20 min 一班次，随着建设发展，将增加为 12 min 一班次。停车场主要位于用地东侧，作为高速公路的缓冲地带，并覆盖着太阳能板。

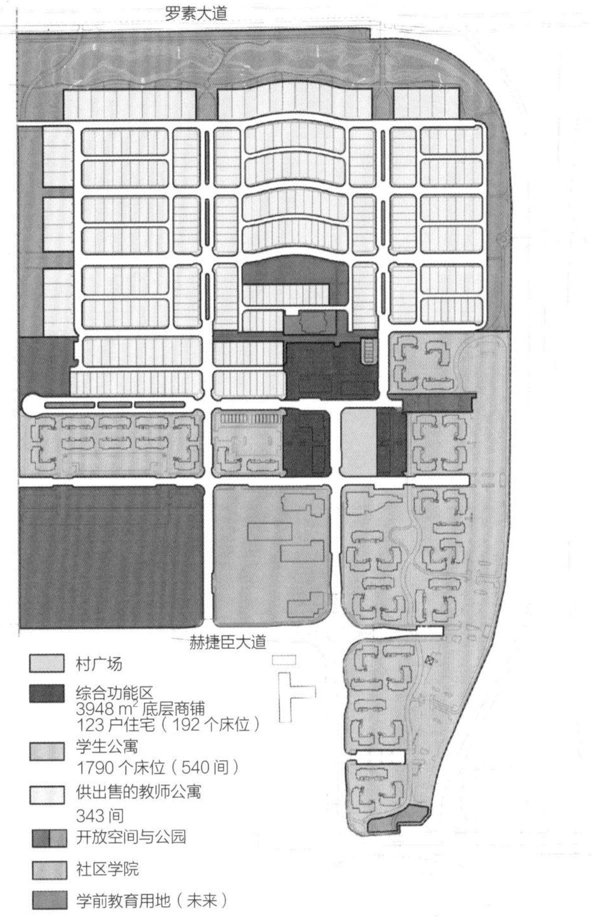

城市形态

西村的城市形态设计在最终阶段包括以下指标：

（1）面积：83 hm^2。

（2）教职工住房：475 套。

（3）学生住房：3000 个床位（1200 间公寓）。

（4）零售及办公用地：4227 m^2。

（5）社区学院：5574 m^2。

（6）住房毛密度：20 户 / 公顷。

（7）公寓净密度：50 户 / 公顷。

（8）独栋净密度：30 户 / 公顷。

西村的城市形态是鲜明简洁的东西向及南北向网格状街道及区块。规划设计以综合功能的村广场为中心，包括本地社区学院的教学楼、一个日托中心、一个娱乐中心及商业办公楼。村广场位于南北向和东西向的两个线形公寓区所交叉成的 L 形的交界处。广场中间设计了一块绿地，用于举办集市及各种社会活动。独立住宅区位于北部，街区东西向排列，两条南北向的林荫大道连接到村中心区域。

能源

能源策略简单明了——降低能源需求，以使自主生产的再生能源满足供应，使外部电网的需求为零。为实现能效所采取的措施在下文的"建筑外壳""供暖、通风及空调""热水""照明及电器""供水""垃圾处理"

罗素大道

赫捷臣大道

村广场

综合功能区
3948 m^2 底层商铺
123 户住宅（192 个床位）

学生公寓
1790 个床位（540 间）

供出售的教师公寓
343 间

开放空间与公园

社区学院

学前教育用地（未来）

图 7.23 戴维斯市西村总平面图（图片来源：西村社区合作组织）

图7.24 戴维斯市西村环境响应平面图（图片来源：西村社区合作组织）

中进行了详细介绍。

建筑外壳

（1）外墙：2×6排列的406.4 mm厚多孔R-21岩棉（内）+12.7 mm厚挤塑聚苯板，满足产品质量检验标准。

（2）屋顶（阁楼）：R-49的吹入型绝缘材料。隔辐射屋顶覆盖物。

（3）屋顶产品：太阳反射比≥0.2，热辐射系数≥0.75（冷屋面产品）。

（4）玻璃的传热系数（U）和太阳能得热系数（$SHGC$）：平均值U<0.33，$SHGC$<0.21。

（5）分布热质量：在二楼及三楼加12.7 mm的石膏质壳。

供暖、通风及空调

（1）制冷：制冷季节能源消耗效率（SEER）为12，能效比（EER）为12.5的热泵。

（2）供暖：供暖季节性能因素制热季节能源消耗效率（HSPF）为8.5的热泵。

（3）通风管道：在管井中采用R-6.0管道。

（4）新风系统：参考美国采暖和空调工程师协会指导手册（ASHREA 62.2标准）。

（5）吊扇：安在卧室。

热水

类型：每座建筑都有高效中央热水器。

照明及电器

（1）节能照明：硬线照明，荧光灯或LED灯，假定80%为硬线照明，采用灯光控制及无人感应器。

（2）能源之星电器：洗碗机、冰箱及洗衣机。

（3）炉灶及烤箱：普通用电。

（4）其他用电控制：能源使用量显示。

图 7.25　戴维斯市西村建筑外立面遮阳（图片来源西村社区合作组织）

图 7.26　戴维斯市西村的屋顶光伏电池（图片来源：西村社区合作组织）

图 7.27　戴维斯市西村沼气罐（图片来源：加利福尼亚大学戴维斯分校）

图 7.28 戴维斯市西村广场的雨水处理（图片来源：西村社区合作组织）

气候响应型建筑冬天获取被动太阳能，夏天采用自然通风及外墙遮阴，成功达到了节能效果。 其结果是，平均减少了节能标准第 24 条要求能耗的 58%，等效于 9 781 500 kW·h/a。西村公寓楼的总能源使用量仅 4067 kW·h/a。

多户住房及综合功能设施的能源是由 4 MW 的太阳能光伏设施供应的，西村社区合作组织同太阳能公司签订了购买合同。光伏电池安放在停车场棚顶及公寓楼顶上。

最初，光伏系统准备由一个处理校园农业及食品垃圾的沼气池及微型涡轮电厂作为补充。设计的处理量是每天 25 t 垃圾。预计每年生产 930 000 m^3 的沼气，和每年约 3 MW 时电量。最终，他们决定将电运送到校园电网上，而不是送到西村，部分原因是原料来自校园，同时预计太阳能光伏系统就完全可以满足西村全年的电力需求。

供水

西村规划时设计了植草沟及储水池作为雨水自然处理和滞留系统。 节省的铺设雨水管道费用已经超过了建设自然储水系统的成本。

垃圾处理

西村是校园整体回收系统的一部分，包括用有机垃圾堆肥。尽管目前西村不用食品或园林垃圾作为能源资源，但将来可以轻易将它们纳入校园沼气工厂，以备太阳能光伏发电的短缺。

一个美国模式

西村不但是美国首个设计为净零能源的社区，也是美国首个全面实践欧洲案例主要经验的案例。尽管目前尚无性能数据报告，但是他们所用的战略是非常全面的，所以性能可以预料。交通方面，行人、自行车及公交系统应该将私家车使用量降低了 70%~90%。节能、气候响应型的建筑设计及自主再生能源应该能使西村非常接近预期的零碳目标。西村也很可能是美国首个二氧化碳减排高达 80% 的社区，非常有助于稳定气候变化。最好的是整套系统的完成并没有给开发商或居民带来额外费用。在这种创新模式中，开发商是融资人，作为公共事业公司和居民之间的第三方代理人。开发商收取的房租包括了单项公共事业费用，不比传统的公共事业费用高。这笔钱用来支付各种节能措施所产生的费用，气候响应型的建筑设计成本以及太阳能电力公司的光伏发电。开发商同太平洋燃气电力公司（PG&E）签了一份年度电价实践合同：西村需要时由公共电网供电，当产电有盈余时，再买回他们用过的电量。这样，公共事业公司成了西村备用存储电的系统，每月结算，全年总和应该为零。

《福布斯》杂志的专栏作家克里·多兰（Kerry Dolan）撰文描述这种经济模式："这个项目最让人惊讶的是什么？这不是由政府出资建的无聊的乌托邦试验。"他解释说，开发商希望为投资人赚取 10% 以内的利润，"是个典型市场驱动的项目。"[47]

西村也是美国首个展示"暗藏维度"的社区——聚焦城市设计、环保的一体化系统、用户参与的能源使用实时信息，以及替代汽车的交通方式，

图 7.29　戴维斯市西村鸟瞰（图片来源：西村社区合作组织）

是使可持续发展令人向往的必要措施。西村的原则是可复制的，完全可以成为美国的新模式，"加利福尼亚州戴维斯制造！"

增加低碳社区的成功机会：城市再开发机构的角色

在应对气候变化方面，正如罗伯特·亚罗（Robert Yaro）所指出的，同时进行减缓及适应的战略紧迫性重新显现，我们需重新思考城市建设、运营和维护的所有的基本体系和过程，包括"硬件"基础设施的改变及"软件"方面的解决办法。[48] 这意味着需要一个更具综合性、创新一体化系统的方式，将各自为政的城市规划机构、部门及公共事业公司全都聚拢到一起，来制定出一个全新的解决方案。这种紧迫性引起了对再开发机构的关注，这是跨越分散和独立行事及其司法管辖划分的工具之一。它使市政府有权力安排众多的参与人及部门座谈，要求大家通力合作，设计创新的一体化系统。虽然这类机构历史曲折，但是如果运用得当，可以发挥关键作用，使城市成功转型为更低碳、更具韧性的环境良好城市。

自从二十世纪中叶起，美国联邦及州立法授权给美国城市相当广泛的再开发自主权。其目的是改善、提升和振兴美国城市内部因环境恶化、废弃或无经济价值、不合理分区以及高空置率导致的衰败区域。总体目标是改善城市的健康、安全及福利，即提升城市的生活质量及经济活力。尽管各州立法授权不同，再开发机构的基本权利及义务如下：

（1）收购不动产的权利。

（2）土地征用权。

（3）有开发房地产的权利。

（4）有销售房地产的权利。

（5）有权力及义务重新安置涉及房地产利益的人。

很多重建项目的资金来自销售免税债券和联邦及州政府的税收增额融资。许多案例里，开发商已经支付了规划费用的一部分首款。在再开发过程中的很多内容是由市政府主持，如拆迁、清场以及建造"必要及方便或理想的服务设施，如街道，下水道系统，公共事业，公园，工地现场准备，景观建设，行政、社区、保健、娱乐、教育及福利设施。"市政府承担着实施再开发规划项目的重任。具体事宜可由市政府直接领导，也可承包给开发商。简而言之，美国城市经过法律规定，同欧洲四个案例的市政府一样，有相同的权利、义务及责任。

美国再开发权的历史颇为复杂，甚至有些州的再开发权被废除了。[49]尽管如此，大部分城市仍握有这个振兴和重塑自己城市区域的强大工具。

美国各城市在再开发中承担的作用差异很大，但总体来说都是项目的发起者。他们确定再开发的区域、做出总规划，包括土地使用及分区法规，然后或者要求开发商递交提案，或者等待提案。有些情况下开发商会提议市政府行使再开发权，以实现项目。这时，市政府是被动的，它会在开发商的竞争方案中做出选择来行使权力。城市提出总体需求框架，由开发商决定市场、建筑类型、设计和费用等问题。一旦土地合同签订成功，开发商会承担大部分风险，因而对市场需求更敏锐。不过这种模式很少会带来创新，充其量是一些狭隘的改进，因为开发商总是宁愿墨守成规，建设他们知道怎么建，且过去行之有效的项目。当然，本书案例分析中的城市都不是这种模式。四个案例的城市都发挥了重要的领导作用，要求多层次的创新，甚至定出规划的细节和要求。问题是美国的市政府是否能扮演这样的角色？

仔细研究美国再开发权的法律条文之后，答案是肯定的，但是需要改变思维方式。有人会说市政府可以通过总体规划、分区规定及建筑标准中的细则也就是规则的制定，来发挥领导作用，但是规划过程的渐进和分散，会使案例分析那样的一体化系统建设困难重重。所以最有希望的是需要一个有远见的市政府或开发商推出一套类似于西村的美国式可持续发展新模式，而权力和权限属于市政府。没有法律上的理由阻碍城市指定再开发区域，并成为地平面的开发者：①制定总体规划、规定街道类型、街区区块的大小、土地使用、密度、公交系统、公园、娱乐及公共服务设施；②要求所有建筑物都必须严格遵守能效标准；③行使权力，同公共事业部门合作创造综合一体化系统协调能源、供水及垃圾处理，达到 100% 使用可再生能源。市政府可以承包建设街道、公共设施、公园及公共开放空间这些地平面基础设施，之后把小块的开发地销售给建筑开发商。资金由传统的免税债券或税收增额融资来支付，也可能由私营资本介入，与城市进行创造性合作。事实上，可以把可持续发展的社区视为初创公司，需要风险投资，以刺激和提高城市的创新意愿。

注释

1. 引自 "Muller Peter, 'Transportation and Urban Growth: The Shaping of the American Metropolis', Focus 36, no. 2 (Summer 1986): 8–17, http://www. web1.cnre.vt.edu/lsg/lntro/trans.htm." （访问时间 2012-7-20）。

2. 引自 "Condon M. Patrick, Seven Rules for Sustainable Communities: Design Strategies for the Post-Carbon World. Washington, DC: Island Press, 2010: 17–22."。

3. 同上，第 18 ～ 19 页。

4. 同注释 1。

5. 同注释 1。

6. 有关讨论，请参阅 Planetizen 网站 "收缩城市" 专题，http://www.planetizen.com/taxonomy/term/697. （访问时间 2012-7-14）。

7. 引自 "Stewart Brand, How Buildings Learn: What Happens after They're Built. New York: Viking Press, 1994."。

8. 例如加利福尼亚州普莱森顿市湾区城铁（BART）车站规划单元的开发项目——庄园商业园（Hacienda Business Park）。

9. 引自 "US Environmental Protection Agency, 'Making Smart Growth Happen,' http://www.epa.gov/dced/sg_implementation.htm." （访问时间 2012-11-16）。

10. 引自 "American Public Transportation Association, 2011 Public Transportation Fact Book, 62nd ed. Washington, DC: American Public Transportation Association, April 2011: 7, table 1, 'Number of Public Transportation Service Systems by Mode', http://www.apta.com/resources/statistics/Documents/FactBook/APTA_2011_Fact_Book.pdf." （访问时间 2012-11-12）。

11. 引自 "Mckenzie Brian and RAPINO Melanie, Commuting in the United States: 2009, American Community Survey Reports ACS-15. Washington, DC: US Census Bureau, September 2011, http://www.census.govprod/2011pubs/acs-15.pdf." （访问时间 2012-10-13）。

12. 引自 "Cervero Robert, The Transit Metropolis: A Global Inquiry. Washington, DC: Island Press, 1998."。

13. 引自 "Dunphy T. Robert et al., Developing around Transit: Strategies and Solutions That Work. Washington, DC: Urban Land Institute, 2004."。

14. 引自 "Ewing Reid and CERVERO Robert, 'Travel and the Built Environment,' Journal of the American Planning Association 76, no. 3 (May 2010): 265–94."。

15. 引自 "Cervero Robert and GUERRA Erick, 'Urban Densities and Transit: A Multi-dimensional Perspective,' Working Paper UCB-ITS-VWP-2011-6. Berkeley: University of California, Institute of Transportation Studies, 2011, http://www.its.berkeley.edu/publications/UCB/2011/VWP/UCB-ITS-VWP-2011-6.pdf."。

16. 引自 "Guerra Erick and CERVERO Robert, 'Cost of a Ride: The Effects of Densities on Fixed-Guideway Transit Ridership and Costs,' Journal of the American Planning Association 77, no. 3 (Summer 2011): 267–90."。

17. 引自 "Adams Rob, 'Reprogramming Cities for Increased Populations and Climate Change' in Esther Charlesworth and Rob Adams, eds., The EcoEdge: Urgent Design Challenges in Building Sustainable Cities. New York: Routledge, 2011: 36. "。

18. 引自 "California Council on Science and Technology, 'California's Energy Future: The View to 2050,' Summary Report. Sacramento, CA: California Council on Science and Technology, May 2011. ", 在该文献的 "关键发现与信息" 部分中, 推荐的四项首选行动中, 包括了选用生物燃料和电作为车辆的动力。

19. 引自 "Robert Socolow and Stephen Pacala, 'Stabilization Wedges: Solving the Climate Problem for the Next Fifty Years with Current Technologies,' Science 305, no. 5686 (August 13, 2004): 968–72. ", 在该文中, 作者强调了能效战略。

20. 详见录像记录的 2009 年 2 月 26 日爱德华·玛兹利亚 (Edward Mazria) 美国参议院能源和自然资源委员会前证词, 录像网址: http://architecture2030.org/multimedia/videos (访问时间 2012-9-16)。

21. 引自 "US Environmental Protection Agency, 'Municipal Solid Waste (MSW) in the United States: Facts and Figures,' http://www.epa.gov/osw/nonhaz/municipal/msw99.htm" (访问时间 2012-9-9)。

22. 作者根据当地电力系统中沼气生产和发电效率计算。

23. 太阳能光伏发电成本降低的曲线详见图 7.5。

24. Bo01 社区建筑上的光伏发电设施由能源公司西德克拉伏特 (Sydkraft) 持有和运营。

25. 更多信息详见 "Paul Rauber, 'Solar for All,' Sierra, January/February 2013. "。

26. 引自 "Nelson Valerie, 'Achieving the Water Commons: The Role of Decentralised Systems,' //Water Sensitive Cities, ed. Carol Howe and Cynthia Mitchell, London: IWA Publishing, 2011, 10. "。

27. 同上: 第 15 页。

28. 同上: 第 11、13 页。

29. 引自 "Bryan Harvey, Hoffman Dan, 'Comfort/Urban Heat Island Study: Downtown Phoenix Urban Form Project'. Tempe: Arizona State University, 2008. "。

30. 引自 "Art Rosenfeld, 'White Roofs to Cool Your Building, Your City and (This Is New!)Cool the World' (presentation to Global Superior Energy Performance Partnership [GSEP] Working Group on Cool Roofs and Pavements, Crystal City, VA, September 12, 2011), http://www.globalcoolcities.org/wp-content/uploads/2011/09/Rosen-feld-Presentation.pdf " (访问时间 2012-11-12)。

31. 同上: 第 22 页。

32. 引自 "Yang Jun et al., 'The Urban Forest in Beijing and Its Role in Air Pollution Reduction,' Urban Forestry and Urban Greening 3, no. 2 (2005): 65–78. "。

33. 引自费尔森·马丁 (Felsen Martin) 2011 年 9 月 11 日在瑞典隆德的隆德大学举行的以 "城市与水, 城市形态" 为主题的会议上的演讲, 题为 "Urban Design with Water, USA "。

34. 引自 "National Research Council, Water Reuse: Potential for Expanding the Nation's Water Supply through Reuse of Municipal Wastewater. Washington,

DC: National Academies Press, 2012, http://www.nap.edu/catalog.php?record_id=13303." (访问时间 2012-10-12)。

35. 引自 "Elmer Vicki and Fraker Harrison, 'Water, Neighborhoods and Urban Design: Micro-utilities and the Fifth Infrastructure, ' in Water Sensitive Cities, ed. Carol Howe and Cynthia Mitchell. London: IWA Publishing, 2011, : 193–207."。

36. 同注释 21。

37. 引自 "Maller Cecily et al., Healthy Nature Healthy People: 'Contact with Nature' as an Upstream Health Promotion Intervention for Populations, Health Promotions International 21, no. 1 (March 2006): 51, http://heapro.oxfordjournals.org/content/21/1/45.full.pdf+html." (访问时间 2012-8-8)。

38. 引自 "Brown R. Lester, World on the Edge: How to Prevent Environmental and Economic Collapse. Washington, DC: Earth Policy Institute, 2011."。

39. 同注释 9。

40. 同注释 9。

41. 净能源是指每年从公共事业公司输送回的能源与获取的能源之和。

42. 同注释 21。

43. 作者 2012 年 1 月 13 日在北京与西门子领导层的讨论。

44. 引自 "Katz Randy et al., An Information-Centric Energy Infrastructure: The Berkeley View, Sustainable Computing: Informatics and Systems 1, no. 1 (March 2011): 7–22."。

45. 美国第一个净零能源社区 (戴维斯市西村) 就是这种领导与合作方式的例子。

46. 更多描述参见 "Local Redevelopment and Housing Law N.J.S. 40A:12A1–63, http://www.state.nj.us/dca/divisions/dlgs/programs.au_docs/40a_12a_1.pdf." (访问时间 2012-9-10)。

47. 引自 "Dolan A.Kerry, Largest U.S. 'Zero Net Energy' Community Opens in California at UC Davis,' Forbes, October 14, 2011, http://www.forbes.com/sites/kerryadolan/2011/10/14/largest-u-s-zero-net-energy-community-opens-in-california-at-uc-davis/2/."。

48. 引自 "Yaro D.Robert, Regional Plan Association, 'Before the Next Storm, ' November 12, 2012, http://www.rpa.org/2012/11/before-the-next-storm.html." (访问时间 2013—1—7)。

49. 有关州长杰里·布朗 (Jerry Brown) 废除加利福尼亚州再开发权的详细情况，请参见 "Karen Gullo, California Court Strikes Down Redevelopment Funds Law, Bloomberg Businessweek, January 4, 2012, http:// www.businessweek.com/news/2012-01-04/california-court-strikes-down-redevelopment-funds-law.html." (访问时间 2012-1-5)。

8

结论

四个欧洲案例和美国第一个净零能源社区，都证明了低碳到零碳以及 100% 使用可再生能源运营的社区建设的可行性。它们证明了设计可持续发展的社区或区域比在建筑物或大型公共设施的应用附加值更高，因为社区是中等规模，又是城市建设重要的组成单元。不仅为居民提供日常生活的便利，而且赋予他们归属感和认同感。正是这些社区为其所在的城市带来了独特的品质。

社区尺度为综合一体化系统设计思维提供了合适的土壤，跨越众多流程、尺度和城市传统的部分进行整体的系统化思考。尽管四个案例都不是专门进行了设计，但是社区尺度使得区内的基础设施可以独立成为微型的公共事业网，在本地回收垃圾及废水自产能源，把社区电网变为相对独立的"智能电网"，像西村那样，同公共事业公司的电网以年度电价实践合同的方式连接，从而提高了韧性——当中央电网瘫痪时，社区可以利用自己的可再生能源。这也意味着，新的开发可以是逐步增量和分布式的，逐步提高整个城市体系的韧性。

组成一体化系统的每个子系统在多个级别跨界交互。换句话说，没有一个唯一的解决方案。案例研究创建了一个设计场域，一个通过设计探索问题和注意事项的框架。同时，社区指向特定的基本标准，即发展潜力，这对各种设计探索都是有参考价值的。

建设流程和规划

案例分析凸显出建设过程在实现可持续发展社区中的重要性。过程中的基本要点如下：

（1）领导力。迎接低碳到零碳及 100% 使用可再生能源社区的挑战，需要某人或某个机构牵头，坚持建设综合性一体化的系统。领导力的含义是有远见、有魄力，坚信这是正确的追求，敢于承担风险，并获得回报。欧洲及美国的案例都证明，领导者可以是市政府，也可以是某高瞻远瞩的机构、开发商，以及有远见的城市设计师或规划师。

（2）跨学科及跨机构的合作。仅凭某个人或某个机构是无法单独完成工作的。它涉及很多参与者：市政府，各城市机构，各公共事业公司，各领域的设计专家，包括规划、城市设计、建筑设计、景观设计，还有全部的工程配套：土木工程、交通、能源、供水及废物处理领域。过程是复杂漫长的，需要各方参与者有合作精神，并且愿意为额外产生的投资费用买单。建设流程本身也需要仔细规划。

（3）目标。目标明确而长远是整个项目成功的关键所在。

（4）一体化系统的技术。技术是创造一体化系统的基础，它可以来自公共事业公司、市政部门、私企的规划师、设计和工程顾问、教育机构或者是各方的共同努力。也就是说，拥有跨越传统各领域的专业技术知识。

（5）业主及居民的参与。从流程开始就邀请业主和居民参与的社区是实现目标最成功的社区。为居民普及系统的技术，系统的"玩法"是什么，以及为什么可持续发展是重要的，或给予居民设定更大目标的自主权，并设计建设符合要求的系统——无论哪一种参与方式，都改变了建设进程。居民获得了新知识和所有权，又为创造更愉悦和可持续发展的生活方式贡献了自己的力量。

将这些内容加入进程之中，不仅有助于建设可持续发展的低碳到零碳、100% 使用再生能源的社区，而且还会赋予居民强烈的社区意识，特殊的归属感，以及为社区的社会可持续发展做贡献的意识。

交通及城市形态

案例分析证明，城市形态细分化，步行、自行车、公共交通优先，避免完全依赖私家车，是迈向低碳、更宜居的未来城市的第一步。具体标准类似于公共交通导向开发模式或智能增长。

（1）公交站点距离工作地点应为步行 5 min 之内（约 400 m）；距离住处步行 10 min 之内（约 800 m）。

（2）公交车站附近的密度应在每公顷 30~37.5 户（小地块公寓建筑）；电车及轻轨站附近的密度应在每公顷 50~75 户（联排别墅或联排住宅）。

（3）综合性功能应包括便利购物、商业、生活或工作设施、办公室、社区设施，可以提供工作岗位，减少必须到社区外的交通，并提升韧性。

（4）步行环境应该优化微气候，使之更舒适，同时提供步行的趣味性和便利。

（5）发车间隔应不超过" 12~15 min"。

（6）公交路线应提供适当的中转连接线路。

一旦实行以上的细则，效益应该是多方面的——站点附近的地价上涨，汽车使用量降低带来的减排，每日步行及骑自行车带来的锻炼显著降低儿童及成人患慢性病的概率。最重要的是，出行方式的自由选择会改善小区的宜居性。

案例研究也证明了城市周边街区作为一种城市建设模式，在创造丰富多样、高密度而综合功能的城市形态方面仍具有巨大潜能。街区的类型可以使密度、范围、高度、退线不同，设计出气候响应型建筑，也界定了城市景观在塑造公共空间和作为一体化系统的一部分提供生态服务的扩展功能。

环境系统

案例分析证明达到 100% 使用可再生能源的细则实际上是简单明了的：

（1）降低能源需求。这是最重要的第一步。事实证明，在几乎所有气候条件下，只要全面使用环境响应型建筑设计策略（因各地气候差异而不同），节能电器、设备和照明，进行实时用户信息监控，可以有效将能源需求降低到 40~50 kW·h/（m²·a）。这需要运用气候响应的设计知识，做出动态过滤环境的建筑围护结构，有效捕捉能源，同时限制能耗。虽然不是绝对必需，但如果能做到优化城市街区朝向，可以辅助被动式获取太阳能和采光（同时能耗最小化），并有利于自然通风。

（2）可再生能源的供应。可再生能源的来源及供应量要对每个站点进行评估，可能有很大差异。每个案例都是就地取材，按照实际比例使用了当地各种资源。令人意外的发现是，废物产能不同于风能或太阳能，一直可用、持续供应的废物产能可以很大比例地满足能源需求。根据能耗需求的降低程度不同，可以供能 50%~75%。恐怕发挥废物再生能源的潜能是实现 100% 使用再生能源的关键一环。使用本地再生资源产能提高了韧性，省却了系统在紧急情况下的额外费用。

（3）热电联产。案例研究证明社区内或区域性热电联产作为一体化体系的核心部分的价值。虽然不是必需配备（详见案例 Bo01 社区），但是因为它利用一种燃料同时提供电能及热能，所以非常好用。它优化了从有限的本地垃圾中获取能源的效率，如可燃固体垃圾，以及用食品垃圾、污泥和绿色垃圾所制造出的沼气。热电联产（Combined Heat and Power，缩写为 CHP）类型及规模各异，其技术已成熟，具有成本效益，效率可达到 70%~95%，但即使在建筑这样的尺度上，它在成本和效率上仍在进行技术突破。社区范围的热电联产的最大潜力是，使其供暖和供电都独立于中央公用事业系统之外（至少在燃料来源持续的情况下），这为新建社区增加了韧性，也是现有社区的重要改造策略。如果燃料使用的是本地垃圾的话，那么韧性就更强了。

（4）废物再利用"闭环"。一旦垃圾被看成能源资源，一体化设计时就会考虑到垃圾分类、收集、处理的方式，以及其规模和步骤。市民每日都要处理垃圾，城市进行垃圾收集及处理的费用不菲，那么不如将因此重新安排财政资源和用户活动，优化系统，进行垃圾分类和净化。在案例 Bo01 社区中进行了垃圾收集的实践，而其他三个案例证明了对居民更简便易行的系统是可行的，而且世界各地都有城市在实践。

系统中运用所有这些要素和指标，有可能实现低碳到零碳，以及 100% 使用再生能源的目标，比用现有的公共事业模式具有更强的韧性。附加的好处是对风能、太阳能及地热的需求也达到了最小化。也意味着这种更典型的再生能源的比例、规模和成本效益可以在时间和负载平衡方面进行优化。

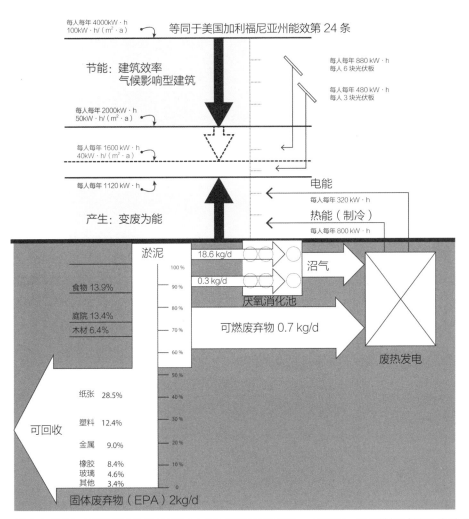

每人每年 4000kW·h
100kW·h/（m²·a）

等同于美国加利福尼亚州能效第 24 条

节能：建筑效率
气候影响型建筑

每人每年 880 kW·h
每人 6 块光伏板

每人每年 480 kW·h
每人 3 块光伏板

每人每年 2000kW·h
50kW·h/（m²·a）

每人每年 1600 kW·h
40kW·h/（m²·a）

每人每年 1120 kW·h

电能

产生：变废为能

每人每年 320 kW·h

热能（制冷）

每人每年 800 kW·h

淤泥

18.6 kg/d

沼气

0.3 kg/d

厌氧消化池

可燃废弃物 0.7 kg/d

废热发电

食物 13.9%

庭院 13.4%

木材 6.4%

100 %

90 %

80 %

70 %

60 %

50 %

40 %

30 %

20 %

10 %

0

可回收

纸张 28.5%

塑料 12.4%

金属 9.0%

橡胶 8.4%
玻璃 4.6%
其他 3.4%

固体废弃物（EPA）2kg/d

图 8.1 节能与产能示意 [节能（效率最大化）/ 产能（废物产能 + 太阳能）= 零碳排放]（制图: 南希·纳姆）

公共空间

案例研究显示了改变公共空间的设计理念的必要性，城市景观作为立体的绿色基础设施，配合传统的基础设施，提供全方位的生态服务，并创造令人愉悦的丰富的公共空间。除了传统的作用——提供各种交通方式的可达路径、娱乐、社交聚会和赏心悦目之外，公共空间的设计应将生态服务这一潜藏功能作为引人注目的设计特征之一，其内容包括：

（1）微气候。

（2）空气质量。

（3）碳吸收。

（4）雨水处理。

（5）废水处理。

（6）生物质产能。

（7）食品生产。

（8）制造动植物栖息地。

一旦公共空间的立体设计融入了这些生态服务，传统的城市体验会被改变。主要的硬质景观设施被动态和有活力的设施取代的积极影响，让城市的日常生活重新加入了大自然所带来的各种感官感受。其对身心健康的积极影响是可量化的，研究表明，每日亲近大自然"就市民身心健康来讲，可以看作一种尚未充分利用的公共资源"。[1]

图 8.2　立体的绿色基础设施（制图：迪帕克·索汗）

展望未来

最近的严重的气候事件所造成的经济损失，使人再次感到了应对气候变化的紧迫性。幸运的是，美国包括加利福尼亚州在内的很多州都对气候变化的威胁很重视，出台了一系列法律，明令要求到 2050 年大量减少二氧化碳排放。[2] 普遍认为，在 1990 年水平上减排 80%~90%，可恢复气候平衡，限制全球变暖在 2℃ 之下。这一目标的挑战在于如何应对加利福尼亚州人口增长所带来的能耗增长（预计至 2050 年人口增长 48%，从现有的 3700 万人增长到 5500 万人）。开发新型社区可以产生巨大的影响，但它全部的潜能还没被认可。加利福尼亚州科学技术委员会（CCST）最近做的一项研究——"加利福尼亚州能源的未来：展望 2050 年"——号召"出台积极的近期和长期政策，以加速促进提高能效及电气化。"[3] 但是研究并没有提出具体的政策内容，主要是对"能源系统画像"降低温室气体排放的潜能进行了技术评估。研究的前提是假定加利福尼亚州现有交通体系、土地使用类型及公共事业结构不变。这种系统被设计为加入加利福尼亚州大型区域公用事业模型中，而且假定节能是在建筑层面。这种方法对于改造现有的开发及其能源系统是必要的。报告将"改变行为"作为减排 80% 的必要措施，但并没有具体说明这是什么意思。它似乎低估了在社区或区域内的零碳开发作为一种渐进的、可复制和拓展的方式，以避免新开发的二氧化碳排放的潜能。

彼得·卡尔索普（Peter Calthorpe）在《气候变化时代的城市化》一书中质疑技术主导的 CCST 采用的方法。他认为，不去处理能源需求增加这个源头问题，就提供解决能源供应的技术方案，完全是"荒谬的"。他宣称，"应对气候变化……不依靠更可持续发展型的城市形式是不可能的。"[4] 他主张建设新型的"绿色"城市主义：更综合、紧凑、公共交通导向、节能建筑、节水及节省基础设施成本，以期达到减排目标。

《可持续发展社区的潜力》一书首次详细阐述了如何实现卡尔索普的"12% 解决方案"[5]，即"绿色"城市主义。案例社区证明，每年每人减排到 1.6 t 二氧化碳是可行的。通过城市生活的一体化系统，环境系统的魔力及居民的共同努力实现了减排目标：约 50% 通过减少私家车行驶里程，50% 来自节能建筑和利用当地可再生能源。案例也证明了在不做重大政策变革的情况下（当然，减排的奖励政策和法规是有帮助的），有条不紊地在开发流程中实现目标是可行的。它需要的是一种新的思维方式——

场景：
影响

如今，家庭平均通行距离约为 38628 km，预计现有趋势下会增加至超过 45060 km，但在更加城市化的情况下这个数字将会降低 43%。

每户的出行距离

汽车燃料对我们的经济、环境以及安全性来说都是一种负担。降低燃料消耗可以通过提高汽车能效和少开车。

燃料消耗

这里的温室气体的排放量主要来自住宅、商业建筑以及个人交通工具，这些占到总排放量的一半以上。

温室气体排放

超过 15% 的城市区域污染物水平超过了国家标准，在各个方面影响了居民的身体健康和日常工作。

空气污染

一个家庭的水电费用，以及车辆购买、保养、保险和汽油的开销。

家庭每年支出

汽车导向的独立住宅区域
扩张趋势

28,600
MILES/HOUSEHOLD
46 027 km/ 户

7.7
TRILLION GALLONS
29 万亿 L

4,800
MMT
48 亿 t

11.6
MILLION TONS
1160 万 t

$26,600
17.4 万人民币

以多户住宅为主的城市区域
简单城市化

26 393 km/ 户
16,400
MILES/HOUSEHOLD

21.6 万亿 L
5.7
TRILLION GALLONS

36 亿 t
3,600
MMT

660 万 t
6.6
MILLION TONS

12.1 万人民币
$18,500

城市化减少了私家车出行，减少了燃料需求，温室气体排放，高速路建设，以及空气污染水平。结合节能建筑，将进一步减轻家庭交通及公共事业费用。同时，节省下的开车时间可以与家人和朋友相处。

图 8.3 Calthorpe 不同场景影响——12% 解决方案（来源 Peter Calthorpe, Urbanism in the Age of Climate Change [Washington, DC: Island Press,2010]）

在社区建设的各个层面和流程采用一体化系统的方式。简而言之，欧洲案例以及美国目前首个案例的经验都印证了巴克敏斯特·富勒（Buckminster Fuller）所言"新模式自然淘汰旧模式"。

事实上，美国大都市拥有许多机会可以运用案例经验进行新的扩张和开发，这点还是很有希望的。许多城市已经开始着手做了一部分工作，只是没有更完整的一体化系统。西村——美国首例一体化系统的净零能源小区，可能是质变的开始。尽管建设还在进行，但仍是最有前景的由市场驱动的政企合作项目，而且开发商已经在盈利，整个一体化系统都通过了美国的审批程序，并且没有影响净零标准的实行。

在欧洲案例和美国案例中发现，最有前景的案例基于社区的宜居性和更强的韧性。可持续发展的设计流程创造出了更丰富、更健康、更舒适、更灵活、更有益于社会以及更公平的城市生活，可以依靠本地再生资源运转。可持续发展性设计并不是舍弃便利设施，正相反，便利性提升了。应对气候变化不是非要苦口良药才行。很多系统中可持续的要素并不在"引擎盖下"，而是暴露在外，每天给居民带来感官上的愉悦。尤其是城市景观、立体绿色基础设施及其生态服务的扩充功能。一旦人们认识到这些不同点，可持续发展社区的潜能就会令人向往。

本书宗旨不是仅仅要陈述案例的成功经验，而是提示和重拾我们对公共环境设计的承诺和责任，将其作为一体化系统的重要组成部分，让未来的城市建设得更健康、更公平、环境更美好和使人愉悦。这个公共环境的概念超越现行的城市公共空间，而和公共空间同样重要，包括将其视为公共设施的理念，这是专业人士职责的核心。从法律上讲，专业设计资质应该建立在创造有益公共健康、安全及福利的环境基础之上。可以说，本书探讨的一体化系统和其潜能是为更广泛、更深入的实践奠定了基础。这只是刚刚起步。它们的设计潜力对未来人类身心健康的更广泛的影响力，还有待继续探索。

注释

1. 引自 "Maller Cecily et al., Healthy Nature Healthy People: 'Contact with Nature' as an Upstream Health Promotion Intervention for Populations, Health Promotions International 21, no. 1 (March 2006): 52, http://heapro.oxfordjournals.org/content/21/1/45.full.pdf+html. "。

2. 参见加利福尼亚州议会 32 号法案——全球变暖解决法案（http://www.arb. ca.gov/cc/ab32/ab32. htm）及参议院 375 号法案——可持续社区（http:// www.leginfo.ca.gov/pub/07-08/bill/sen/sb_0351-0400/sb_375_bill_20080930_ chaptered.pdf）。

3. 引自 "California Council on Science and Technology, California's Energy Future: The View to 2050, Summary Report，Sacramento: California Council on Science and Technology, May 2011：3. "。

4. 引自 "Peter Calthorpe, Urbanism in the Age of Climate Change. Washington, DC: Island Press, 2010: 7. "。

5. 同上，第 20 ～ 23 页。

致谢

本书是鄙人 45 年设计知识和经验的结晶。千里之行始于足下，它开始于我对建筑与气候之间关系的执着，最终扩展到分析城市和景观设计。本书得到了我的导师、同事、学生、朋友等很多人的帮助。其中有些人和事尤其让我刻骨铭心。我在英国剑桥大学做访问学者期间，以及与指导我研究生论文的美国普林斯顿大学让·拉巴蒂（Jean Labatut）教授交谈的时候，发现城市设计是一个至关重要的环节。紧接着，罗伯特·L·赫德斯（Robert L. Geddes）主任欣然聘用我加入他的设计工作室，而且两年后聘我做了普林斯顿大学的讲师，以激励我在设计和教学方面的努力。这期间，我的教学伙伴兰斯·布朗（Lance Brown），一直启发我的思考。本书在很多方面都旨在探讨我的启蒙恩师迈克尔·格雷夫斯（Michael Graves）和彼得·艾森曼（Peter Eisenman）两人的建筑应适应气候的一体化理念的进一步扩展，以及传统建筑的空间性能表现如何巧妙融入可持续性发展的问题。

我有幸在同事、竞争对手并最终成为挚友的格·凯尔博（Doug Kelbaugh）、唐·普若勒（Don Prowler）、彼得·卡尔索普（Peter Calthorpe）、大卫·塞勒斯道（David Sellers）和普林斯顿大学能源组的劳伦斯·林赛（Lawrence Lindsey）、彼得·布罗克塞（Peter Brockhese）等人士的帮助下，经历了"被动式的太阳能运动"，这一经历逐步锤炼了我对一体化理念的认识。

我到美国明尼苏达州之后，自然把视线扩展到城市景观上。我同威廉·莫里斯（William Morrish）和凯瑟琳·布朗（Catherine Brown）携手创办了"美国城市景观设计中心"，成了当地社区探讨"城市景观设计在应对城市设计的挑战中的潜在作用"的基地。大家通过案例分析召开专家研讨会。其中，派特里克·康登（Patrick Condon）和肯·格林伯格（Ken Greenberg）两人的贡献最大。

我在美国加利福尼亚大学伯克利分校的 17 年当中，工作重心转移到多专业、综合一体化系统的设计上，以创建可持续发展的低碳城市。我参与了无数研讨会以及跨学科的"Capstone"工作营，并有幸同丹·所罗门（Dan Solomon）、唐林·林登（Donlyn Lyndon）、罗伯特·塞韦

罗 （Robert Cervero）、伊丽莎白·迪金（Elizabeth Deakin）、 路易丝·莫津戈（Louise Mozingo）、盖尔·布拉格（Gail Brager）共同教学。他们的设想、构思、扶植和鼓励是本书不可或缺的一部分。

中国天津主办的一个名为"公交导向性发展（TOD）原则及样本"的"Capstone"工作营中，社区可通过降低能源需求以及就地使用太阳能、风能和变废为能，达到 100% 使用再生能源，实现低碳或零碳目标的理念首次出台。其后，这一理念演变成了中国青岛的生态街区的核心理念，获得了高顿及贝蒂默尔基金会的启动资金。旧金山的工程公司 ARUP 的琼·罗杰斯（Jean Rogers）提供工程可行性的研究。琼·罗杰斯后来成了该理念的积极支持者和协调人。华汇设计黄文亮先生是生态街区理念的倡导者之一，其作为天津大学校区总规划师，正将该理念运用到新的零碳校园规划中。

四年中，我同我在伯克利的学生一同绘图、制表、找资料、分析数据。在此特别鸣谢娜塔莉亚·埃切韦里（Natalia Echeverri）、黑兹尔·昂思路（Hazel Onsrud）、杰西卡·杨（Jessica Yang）、南希·纳姆（Nancy Nam）、迪帕克·索汗（Deepak Sohane）、穆罕默德·穆明（Mahammad Momin）、布赖恩·钱伯斯（Brian Chambers）、爱丽尔·乌兹（Ariel Utz）和梅尔·卡斯特兰（Mael Castellan）。还要感谢我的挚友阿米莉娅（Amelia）和苏珊娜·斯塔尔（Susanna Starr），还有我的儿子威尔（Will）费心帮我打字。